同济博士论丛
TONGJI Dissertation Series

总主编 伍 江 副总主编 雷星晖

杜 永 蔡克峰 著

导电聚合物-无机纳米结构复合热电材料的制备及其性能研究

Preparation and Thermoelectric Properties of Conducting Polymer-inorganic Nanostructure Composite Materials

内容提要

本书主要围绕导电聚合物-无机纳米结构复合热电材料进行研究。首先,概述了导电高分子-无机纳米结构复合热电材料的研究进展及发展方向。然后特别研究了聚噻吩-Bi_2Te_3以及Bi_2Te_3-Bi_2Se_3复合块体材料、聚(3-己基噻吩)-无机纳米结构复合材料、聚苯胺-石墨烯薄片纳米复合材料、聚3,4-乙撑二氧噻吩-无机纳米结构复合材料的不同制备方法及热电性能。其目的是探索合成适合作为导电聚合物-无机纳米结构复合热电材料的导电聚合物基体及无机纳米结构,优化制备工艺,期望最终能提高复合材料的热电性能。

本书可作为从事热电材料研究与应用的研发及工程技术人员参考用书。

图书在版编目(CIP)数据

导电聚合物-无机纳米结构复合热电材料的制备及其性能研究 / 杜永,蔡克峰著. —上海:同济大学出版社,2017.8

(同济博士论丛 / 伍江总主编)

ISBN 978-7-5608-6864-6

Ⅰ.①导… Ⅱ.①杜… ②蔡… Ⅲ.①导电聚合物-纳米材料-复合材料-热电转换-功能材料-研究 Ⅳ.①TB383 ②TB34

中国版本图书馆 CIP 数据核字(2017)第 073244 号

导电聚合物-无机纳米结构复合热电材料的制备及其性能研究

杜 永 蔡克峰 著

出 品 人 华春荣　　责任编辑 胡晗欣　　助理编辑 蔡梦茜
责任校对 徐春莲　　封面设计 陈益平

出版发行	同济大学出版社　www.tongjipress.com.cn
	(地址:上海市四平路1239号　邮编:200092　电话:021-65985622)
经　　销	全国各地新华书店
排版制作	南京展望文化发展有限公司
印　　刷	浙江广育爱多印务有限公司
开　　本	787 mm×1092 mm　1/16
印　　张	14.25
字　　数	285 000
版　　次	2017年8月第1版　2017年8月第1次印刷
书　　号	ISBN 978-7-5608-6864-6
定　价	68.00元

本书若有印装质量问题,请向本社发行部调换　　版权所有　侵权必究

"同济博士论丛"编写领导小组

组　　　长：杨贤金　钟志华

副 组 长：伍　江　江　波

成　　　员：方守恩　蔡达峰　马锦明　姜富明　吴志强
　　　　　　徐建平　吕培明　顾祥林　雷星晖

办公室成员：李　兰　华春荣　段存广　姚建中

"同济博士论丛"编辑委员会

总 主 编：伍 江

副总主编：雷星晖

编委会委员：（按姓氏笔画顺序排列）

丁晓强　万　钢　马卫民　马在田　马秋武　马建新
王　磊　王占山　王华忠　王国建　王洪伟　王雪峰
尤建新　甘礼华　左曙光　石来德　卢永毅　田　阳
白云霞　冯　俊　吕西林　朱合华　朱经浩　任　杰
任　浩　刘　春　刘玉擎　刘滨谊　闫　冰　关佶红
江景波　孙立军　孙继涛　严国泰　严海东　苏　强
李　杰　李　斌　李风亭　李光耀　李宏强　李国正
李国强　李前裕　李振宇　李爱平　李理光　李新贵
李德华　杨　敏　杨东援　杨守业　杨晓光　肖汝诚
吴广明　吴长福　吴庆生　吴志强　吴承照　何品晶
何敏娟　何清华　汪世龙　汪光焘　沈明荣　宋小冬
张　旭　张亚雷　张庆贺　陈　鸿　陈小鸿　陈义汉
陈飞翔　陈以一　陈世鸣　陈艾荣　陈伟忠　陈志华
邵嘉裕　苗夺谦　林建平　周　苏　周　琪　郑军华
郑时龄　赵　民　赵由才　荆志成　钟再敏　施　骞
施卫星　施建刚　施惠生　祝　建　姚　熹　姚连璧

袁万城　莫天伟　夏四清　顾　明　顾祥林　钱梦騄
徐　政　徐　鉴　徐立鸿　徐亚伟　凌建明　高乃云
郭忠印　唐子来　阎耀保　黄一如　黄宏伟　黄茂松
戚正武　彭正龙　葛耀君　董德存　蒋昌俊　韩传峰
童小华　曾国荪　楼梦麟　路秉杰　蔡永洁　蔡克峰
薛　雷　霍佳震

秘书组成员：谢永生　赵泽毓　熊磊丽　胡晗欣　卢元姗　蒋卓文

总 序

在同济大学110周年华诞之际,喜闻"同济博士论丛"将正式出版发行,倍感欣慰。记得在100周年校庆时,我曾以《百年同济,大学对社会的承诺》为题作了演讲,如今看到付梓的"同济博士论丛",我想这就是大学对社会承诺的一种体现。这110部学术著作不仅包含了同济大学近10年100多位优秀博士研究生的学术科研成果,也展现了同济大学围绕国家战略开展学科建设、发展自我特色,向建设世界一流大学的目标迈出的坚实步伐。

坐落于东海之滨的同济大学,历经110年历史风云,承古续今、汇聚东西,秉持"与祖国同行、以科教济世"的理念,发扬自强不息、追求卓越的精神,在复兴中华的征程中同舟共济、砥砺前行,谱写了一幅幅辉煌壮美的篇章。创校至今,同济大学培养了数十万工作在祖国各条战线上的人才,包括人们常提到的贝时璋、李国豪、裘法祖、吴孟超等一批著名教授。正是这些专家学者培养了一代又一代的博士研究生,薪火相传,将同济大学的科学研究和学科建设一步步推向高峰。

大学有其社会责任,她的社会责任就是融入国家的创新体系之中,成为国家创新战略的实践者。党的十八大以来,以习近平同志为核心的党中央高度重视科技创新,对实施创新驱动发展战略作出一系列重大决策部署。党的十八届五中全会把创新发展作为五大发展理念之首,强调创新是引领发展的第一动力,要求充分发挥科技创新在全面创新中的引领作用。要把创新驱动发展作为国家的优先战略,以科技创新为核心带动全面创新,以体制机制改革激发创新活力,以高效率的创新体系支撑高水平的创新型国家建设。作为人才培养和科技创新的重要平台,大学是国家创新体系的重要组成部分。同济大学理当围绕国家战略目标的实现,作出更大的贡献。

大学的根本任务是培养人才,同济大学走出了一条特色鲜明的道路。无论是本科教育、研究生教育,还是这些年摸索总结出的导师制、人才培养特区,"卓越人才培养"的做法取得了很好的成绩。聚焦创新驱动转型发展战略,同济大学推进科研管理体系改革和重大科研基地平台建设。以贯穿人才培养全过程的一流创新创业教育助力创新驱动发展战略,实现创新创业教育的全覆盖,培养具有一流创新力、组织力和行动力的卓越人才。"同济博士论丛"的出版不仅是对同济大学人才培养成果的集中展示,更将进一步推动同济大学围绕国家战略开展学科建设、发展自我特色、明确大学定位、培养创新人才。

面对新形势、新任务、新挑战,我们必须增强忧患意识,扎根中国大地,朝着建设世界一流大学的目标,深化改革,勠力前行!

万 钢

2017 年 5 月

论丛前言

承古续今,汇聚东西,百年同济秉持"与祖国同行、以科教济世"的理念,注重人才培养、科学研究、社会服务、文化传承创新和国际合作交流,自强不息,追求卓越。特别是近20年来,同济大学坚持把论文写在祖国的大地上,各学科都培养了一大批博士优秀人才,发表了数以千计的学术研究论文。这些论文不但反映了同济大学培养人才能力和学术研究的水平,而且也促进了学科的发展和国家的建设。多年来,我一直希望能有机会将我们同济大学的优秀博士论文集中整理,分类出版,让更多的读者获得分享。值此同济大学110周年校庆之际,在学校的支持下,"同济博士论丛"得以顺利出版。

"同济博士论丛"的出版组织工作启动于2016年9月,计划在同济大学110周年校庆之际出版110部同济大学的优秀博士论文。我们在数千篇博士论文中,聚焦于2005—2016年十多年间的优秀博士学位论文430余篇,经各院系征询,导师和博士积极响应并同意,遴选出近170篇,涵盖了同济的大部分学科:土木工程、城乡规划学(含建筑、风景园林)、海洋科学、交通运输工程、车辆工程、环境科学与工程、数学、材料工程、测绘科学与工程、机械工程、计算机科学与技术、医学、工程管理、哲学等。作为"同济博士论丛"出版工程的开端,在校庆之际首批集中出版110余部,其余也将陆续出版。

博士学位论文是反映博士研究生培养质量的重要方面。同济大学一直将立德树人作为根本任务,把培养高素质人才摆在首位,认真探索全面提高博士研究生质量的有效途径和机制。因此,"同济博士论丛"的出版集中展示同济大学博士研究生培养与科研成果,体现对同济大学学术文化的传承。

"同济博士论丛"作为重要的科研文献资源,系统、全面、具体地反映了同济大学各学科专业前沿领域的科研成果和发展状况。它的出版是扩大传播同济科研成果和学术影响力的重要途径。博士论文的研究对象中不少是"国家自然科学基金"等科研基金资助的项目,具有明确的创新性和学术性,具有极高的学术价值,对我国的经济、文化、社会发展具有一定的理论和实践指导意义。

"同济博士论丛"的出版,将会调动同济广大科研人员的积极性,促进多学科学术交流、加速人才的发掘和人才的成长,有助于提高同济在国内外的竞争力,为实现同济大学扎根中国大地,建设世界一流大学的目标愿景做好基础性工作。

虽然同济已经发展成为一所特色鲜明、具有国际影响力的综合性、研究型大学,但与世界一流大学之间仍然存在着一定差距。"同济博士论丛"所反映的学术水平需要不断提高,同时在很短的时间内编辑出版110余部著作,必然存在一些不足之处,恳请广大学者,特别是有关专家提出批评,为提高同济人才培养质量和同济的学科建设提供宝贵意见。

最后感谢研究生院、出版社以及各院系的协作与支持。希望"同济博士论丛"能持续出版,并借助新媒体以电子书、知识库等多种方式呈现,以期成为展现同济学术成果、服务社会的一个可持续的出版品牌。为继续扎根中国大地,培育卓越英才,建设世界一流大学服务。

伍 江

2017年5月

前言

热电材料是一种通过固体中载流子(空穴或电子)的输运实现热能与电能之间直接转换的功能材料,应用前景广阔,被认为是未来非常有竞争力的能源替代介质。

传统的热电材料都是无机半导体材料,虽然它们展现出了相对较高的热电性能,但是,由于其原材料及加工设备昂贵,重金属污染以及加工工艺复杂等缺点影响了其大规模的应用。从20世纪90年代起,理论和实验方面都陆续证实了低维热电材料,如超晶格和纳米线,均具有高的热电性能。但是,至今为止,由于超晶格和纳米线难以大规模生产且成本较高,仍没有被大规模应用。因此,若想使热电器件实用化,必须开发高性能并且价格低廉的热电材料。

导电高分子聚合物,如聚苯胺(PANI)、聚噻吩(PTH)、聚3,4-乙撑二氧噻吩(PEDOT)、聚乙炔(PA)、聚吡咯(PPY)、聚咔唑(PC)、聚对苯乙炔(PPV)等以及它们的衍生物具有热导率低、质轻、价廉、容易合成和加工成型等优点。

因此,若能通过适当的方法制备无机纳米结构-导电聚合物复合热电材料,将有可能发挥无机热电纳米结构和导电聚合物各自的优点,甚至产生协同效应,从而提高复合材料的热电性能。基于此思路,本书主要围绕无机纳米结构-导电聚合物复合热电材料进行研究。

通过水热法制备 Bi_2Te_3 和 Bi_2Se_3 纳米粉体,研磨混合(按照名义组成 $Bi_2Te_{2.85}Se_{0.15}$)后在 80 MPa 的压力和不同温度条件下真空热压成块体。热压后的样品具有层状结构,样品有少许氧化出现 Bi_2TeO_5 相。热压温度越高,晶粒越大,样品氧化得也越严重。与热压温度为 648 K 和 673 K 的样品相比,热压温度为 623 K 的样品热电性能最佳。

通过化学氧化法制备了 PTH 粉末,并将其和 Bi_2Te_3 纳米粉体研磨混合(50∶50 wt)后在 80 MPa 的压力和不同温度条件下真空热压成块体。XRD 和 TGA 分析显示,当热压温度达到 473 K 时,PTH 开始分解,并产生" ∶S"和" •SH"自由基,它们和 Bi_2Te_3 反应生成 Bi_2Te_2S 相。随着热压温度的升高,PTH 分解加剧,最终导致复合材料中 Bi_2Te_2S 相的含量增加。热压温度为 623 K 的样品在测试温度为 473 K 时获得最大功率因子为 2.54 $\mu W/(m \cdot K^2)$。

首次采用一种简单的方法(原位聚合然后离心)成功制备了多壁碳纳米管/聚(3-己基噻吩)(MWCNT/P3HT)复合薄膜,并测试了其热电性能。P3HT/MWCNT 复合薄膜(5 wt% MWCNT)的电导率为 1.3×10^{-3} S/cm,Seebeck 系数为 131.0 μV/K。通过此方法制备导电聚合物/MWCNT 复合薄膜,不但能显著提高聚合物的电导率,同时能保持复合薄膜具有较高的 Seebeck 系数。

通过原位聚合方法成功制备了 MWCNT/P3HT 粉末,然后冷压成块体材料。所合成的 P3HT 以及 MWCNT/P3HT 复合粉末的光学带隙宽度均在 (2.40 ± 0.01)eV 范围内。当 MWCNT 含量为 30 wt% 时,在 298~423 K 的测试温度范围内,复合材料的电导率随着温度的升高缓慢地从 0.13 S/cm 降到 0.11 S/cm,Seebeck 系数随着温度的升高缓慢地从 9.7 μV/K 增加到 11.3 μV/K。测试温度为 373 K 时,复合材料获得了最大的功率因子为 1.56×10^{-3} μW/(m·K^2)。

通过原位聚合成功制备了多层石墨烯薄片(GNs)/P3HT 复合粉末,然后冷压成块体材料。随着复合材料中 GNs 含量从 10 wt% 增至 40 wt%,复合材料的电导率从 2.7×10^{-3} S/cm 增加到 1.362 S/cm,其 Seebeck 系数先增大后减小。当 GNs 的含量从 10 wt% 增加到 30 wt% 时,复合材料的功率因子从 2.97×10^{-4} μW/(m·K^2) 增加到 0.16 μW/(m·K^2)。复合材料电导率和 Seebeck 系数同时增大的原因是,随着复合材料中 GNs 含量增大,载流子迁移率迅速增大,而载流子浓度增加得相对缓慢。

通过机械化学法成功制备的 MWCNT/P3HT 复合粉末,然后冷压成块体材料。随着复合材料中 MWCNT 的含量从 30 wt% 增加到 80 wt%,复合材料的电导率从 1.34×10^{-3} S/cm 增加到 5.07 S/cm。随着复合材料中 MWCNT 的含量从 30 wt% 增加到 50 wt% 时,复合材料的 Seebeck 系数从 9.48 μV/K 增加到 31.24 μV/K。继续增大复合材料中 MWCNT 的含量,复合材料的 Seebeck 系数逐渐降低。随着复合材料中 MWCNT 的含量从 30 wt% 增加到 80 wt%,复合材料的功率因子显著增大[从 1.20×10^{-5} μW/(m·K^2) 增加到 0.15 μW/(m·K^2)]。

通过一种非常简单的方法——溶液混合法成功制备了 PANI/GNs 复合块体材料和复合薄膜。随着复合材料中 GNs 含量的增加,复合块体和复合薄膜的电导率和 Seebeck 系数均增加。当 PANI/GNs 复合块体材料中 GNs 的含量为 50 wt% 时,获得了最大的功率因子[5.6 μW/(m·K^2)]。这是第一次报道 PANI/GNs 复合材料的热电性能。这是一种制备成本相对较低,可以规模化生产并且可以推广到别的导电高分子聚合物-无机纳米结构复合材料的制备方法。同时,通过原位聚合方法制备了 PANI/GNs 复合块体材料，复合块体材料的电导率和 Seebeck 系数均随着 GNs 含量的增大而增大，当 PANI/GNs 复合块体材料中 GNs 的含量为 40 wt％时，获得了最大的功率因子[3.9 $\mu W/(m \cdot K^2)$]。

通过旋涂的方法制备了炭黑(CB)-PEDOT：PSS 复合薄膜，当 CB 含量从零增加到 11.16 wt％时，复合薄膜的电导率先增大后减小，Seebeck 系数缓慢增加。当 CB 含量为 2.52 wt％时，复合薄膜室温下具有最大的功率因子为 0.96 $\mu W/(m \cdot K^2)$。由于本实验中所使用的原材料 PEDOT：PSS 以及 CB 均具有低的电导率，所以最终导致复合材料功率因子相对较低。

同时，通过旋涂的方法制备了 MWCNT-PEDOT：PSS(PH1000) 复合薄膜。当 MWCNT 含量从零增加到 30 wt％时，复合薄膜的电导率逐渐下降(从 765.9 S/cm 降到 346.6 S/cm)，Seebeck 系数略有增加(从 10.2 $\mu V/K$ 增加到 11.1 $\mu V/K$)，功率因子呈现明显下降趋势[从 7.99 $\mu W/(m \cdot K^2)$ 降到 4.28 $\mu W/(m \cdot K^2)$]。

将水热合成的 Bi_2Te_3 纳米粉末进行剥离，然后使用浇注法和旋涂法分别制备了 Bi_2Te_3-PEDOT：PSS 复合薄膜。当 Bi_2Te_3 含量为 4.1 wt％时，通过浇注法制备的复合薄膜获得的最大功率因子为 10.65 $\mu W/(m \cdot K^2)$。

最后，将 P 型商业产品 Bi_2Te_3 进行剥离，然后使用浇铸法和旋涂法分别制备了 Bi_2Te_3-PEDOT：PSS 复合薄膜。当 Bi_2Te_3 含量为 4.1 wt％时，通过浇铸法制备的复合薄膜获得的最大功率因子为 32.26 $\mu W/(m \cdot K^2)$。

目 录

总序

论丛前言

前言

第1章 绪论 ·· 1

1.1 概述 ··· 1

1.2 热电转换技术基本原理 ··· 2

    1.2.1 Seebeck 效应 ··· 2

    1.2.2 Peltier 效应 ··· 3

    1.2.3 Thomson 效应 ··· 4

    1.2.4 热电效应之间的相互关系 ································ 5

1.3 热电器件转化效率和热电优值 ··································· 5

    1.3.1 Seebeck 系数 ··· 5

    1.3.2 电导率 ·· 6

    1.3.3 热导率 ·· 6

    1.3.4 热电器件转化效率和热电优值 ·························· 7

1.4 导电高分子-无机纳米结构复合热电材料研究进展 ……… 10
  1.4.1 聚苯胺-无机纳米结构复合热电材料…………………… 11
  1.4.2 聚噻吩-无机纳米结构复合热电材料…………………… 17
  1.4.3 聚3,4-乙撑二氧噻吩-无机纳米结构复合热电材料 ……………………………………………………………… 21
  1.4.4 其他导电高分子-无机纳米结构复合热电材料………… 25
1.5 导电高分子-无机纳米结构复合热电材料的发展方向 …… 45

第2章 聚噻吩-Bi_2Te_3以及Bi_2Te_3-Bi_2Se_3复合块体材料及其热电性能……………………………………………………… 47

2.1 概述……………………………………………………………… 47
2.2 Bi_2Te_3/Bi_2Se_3复合热电材料的制备及其热电性能 ……… 48
  2.2.1 原材料………………………………………………… 48
  2.2.2 样品的制备…………………………………………… 49
  2.2.3 样品表征和性能测试方法……………………………… 50
  2.2.4 结构及形貌表征……………………………………… 54
  2.2.5 热电性能……………………………………………… 59
2.3 聚噻吩-Bi_2Te_3复合热电材料的制备及其热电性能 ……… 64
  2.3.1 原材料………………………………………………… 64
  2.3.2 样品的制备…………………………………………… 65
  2.3.3 样品表征和性能测试方法……………………………… 65
  2.3.4 结构及形貌表征……………………………………… 66
  2.3.5 热电性能……………………………………………… 72
2.4 本章小结………………………………………………………… 74

第3章 聚(3-己基噻吩)-无机纳米结构复合材料及其热电性能……76

3.1 概述……76

3.2 原位聚合法制备 P3HT-MWCNT 纳米复合薄膜及其热电性能……78

    3.2.1 原材料……78

    3.2.2 原位聚合法制备 P3HT-MWCNT 纳米复合薄膜……79

    3.2.3 样品表征和性能测试方法……79

    3.2.4 结构及形貌表征……80

    3.2.5 热电性能……85

3.3 原位聚合法制备 P3HT-MWCNT 纳米复合块体材料及热电性能……87

    3.3.1 原材料……87

    3.3.2 原位聚合法制备 P3HT-MWCNT 纳米复合块体材料……87

    3.3.3 样品表征和性能测试方法……88

    3.3.4 结构及形貌表征……88

    3.3.5 热电性能……95

3.4 原位聚合法制备 P3HT-GNs 纳米复合材料及其热电性能……98

    3.4.1 原材料……98

    3.4.2 原位聚合法制备 P3HT-GNs 纳米复合块体材料……98

    3.4.3 样品表征和性能测试方法……99

3.4.4　结构及形貌表征 ………………………………………… 99
　　　3.4.5　热电性能 ………………………………………………… 104
　3.5　机械化学法制备 P3HT－MWCNT 纳米复合材料及
　　　热电性能 ……………………………………………………… 106
　　　3.5.1　原材料 …………………………………………………… 107
　　　3.5.2　机械化学法制备 P3HT－MWCNT 纳米复合块体
　　　　　　材料 …………………………………………………… 107
　　　3.5.3　样品表征和性能测试方法 ………………………………… 108
　　　3.5.4　结构及形貌表征 ………………………………………… 108
　　　3.5.5　热电性能 ………………………………………………… 111
　3.6　本章小结 ……………………………………………………… 114

第4章　聚苯胺-石墨烯薄片纳米复合材料及其热电性能 ………… 116
　4.1　概述 …………………………………………………………… 116
　4.2　PANI－GNs 纳米复合材料的制备与热电性能 ……………… 119
　　　4.2.1　原材料 …………………………………………………… 119
　　　4.2.2　PANI－GNs 纳米复合薄膜的制备方法 ………………… 119
　　　4.2.3　PANI－GNs 纳米复合块体材料的制备方法 …………… 120
　　　4.2.4　样品表征和性能测试方法 ………………………………… 120
　　　4.2.5　结构及形貌表征 ………………………………………… 120
　　　4.2.6　热电性能 ………………………………………………… 123
　4.3　原位聚合法制备 PANI－GNs 纳米复合块体材料及其
　　　热电性能 ……………………………………………………… 126
　　　4.3.1　原材料 …………………………………………………… 126

  4.3.2 原位聚合法制备 PANI-GNs 纳米复合
    块体材料 ·· 127
  4.3.3 样品表征和性能测试方法 ························ 128
  4.3.4 结构及形貌表征 ···································· 128
  4.3.5 热电性能 ··· 131
 4.4 本章小结 ·· 134

第5章 聚 3,4-乙撑二氧噻吩-无机纳米结构复合材料及其热电性能 ·· 136

 5.1 概述 ·· 136
 5.2 旋涂法制备 CB-PEDOT：PSS 纳米复合薄膜及其
  热电性能 ·· 139
  5.2.1 原材料 ·· 139
  5.2.2 旋涂法制备 CB-PEDOT：PSS 纳米复合
    薄膜 ·· 139
  5.2.3 样品表征和性能测试方法 ························ 140
  5.2.4 结构及形貌表征 ···································· 140
  5.2.5 热电性能 ··· 143
 5.3 旋涂法制备 MWCNT-PEDOT：PSS 纳米复合薄膜
  及其热电性能 ·· 146
  5.3.1 原材料 ·· 146
  5.3.2 旋涂法制备 MWCNT-PEDOT：PSS 纳米复合
    薄膜 ·· 146
  5.3.3 样品表征和性能测试方法 ························ 147
  5.3.4 结构及形貌表征 ···································· 147

  5.3.5 热电性能 ························ 147
5.4 Bi_2Te_3(水热法合成)-PEDOT：PSS 纳米复合薄膜的
  制备及其热电性能 ························ 151
  5.4.1 原材料 ························ 151
  5.4.2 Bi_2Te_3(水热法合成)-PEDOT：PSS 纳米复合
    薄膜的制备 ························ 152
  5.4.3 样品表征和性能测试方法 ···················· 153
  5.4.4 结构及形貌表征 ························ 153
  5.4.5 热电性能 ························ 158
5.5 Bi_2Te_3(商业产品)-PEDOT：PSS 纳米复合薄膜的
  制备及其热电性能 ························ 160
  5.5.1 原材料 ························ 161
  5.5.2 Bi_2Te_3(商业产品)-PEDOT：PSS 纳米复合
    薄膜的制备 ························ 161
  5.5.3 样品表征和性能测试方法 ···················· 162
  5.5.4 结构及形貌表征 ························ 162
  5.5.5 热电性能 ························ 166
5.6 本章小结 ························ 171

第6章 结论和展望 ························ 173
6.1 结论 ························ 173
6.2 展望 ························ 180

参考文献 ························ 182

后记 ························ 204

第1章 绪 论

1.1 概 述

第三次科技革命以后,人类对能源的需求量迅速增加,能源已经成了每个国家的经济命脉,而地球上的能源又是有限的,这就导致了传统的一些不可再生能源,如天然气、石油、煤日益枯竭。所以,开发新能源(如水能、风能、地热能、波浪能、洋流能、潮汐能、太阳能和生物质能等)迫在眉睫。热电材料是一种可以通过固体中载流子(电子或空穴)的输运来实现电能和热能之间直接转换的功能材料。[1-2] 热电材料的应用不需要使用传动部件、结构简单、尺寸能做到很小、工作时无排弃物、无噪声、对环境没有污染,并且还具有性能可靠、使用寿命长等优点。[1,3] 因此,热电材料是一种具有广泛应用前景的环境友好材料,所以被认为是将来非常有竞争力的能源替代介质。

1.2 热电转换技术基本原理

1.2.1 Seebeck 效应

Seebeck 效应又称为温差电效应,是指在两种不同金属所构成的回路中,如果两个接头端的温度不同,回路中就会产生电流(若一个导体两端存在温差时,导体两端也会出现由温差引起的电动势)。这种现象是由德国科学家 Seebeck 在 1821 年首次发现的,所以称为"Seebeck 效应"。其原理如图 1-1 所示,在 a 和 b 两种不同材料构成的回路中,如果两个接头端的温度不同,就会产生电动势 ΔV 的现象[图 1-1(a)]。ΔV 称为温差电动势或热电动势,与冷热两端的温度差 ΔT 成正比:

$$\Delta V = \alpha_{ab} \Delta T \tag{1-1}$$

式中,α_{ab} 为 Seebeck 系数,由材料本身的电子能带结构所决定。通常,金属的 Seebeck 系数相对较小(几 $\mu V/K$ 左右);而半导体的 Seebeck 系数相对较大(可以达到 $100\ \mu V/K$ 以上)。

$$\alpha_{ab} = \lim_{\Delta T \to 0} \frac{\Delta V}{\Delta T} = \frac{dV}{dT} \tag{1-2}$$

Seebeck 系数的单位为 $\mu V/K$。Seebeck 系数有正有负。通常规定,若电流在冷接头处由导体 a 流向导体 b,Seebeck 系数就为正,反之则为负。

图 1-1(b)描述了存在温度梯度的作用时导体内部的载流子的分布变化,它解释了 Seebeck 效应的物理本质。对于两端没有温差的孤立导体来说,其载流子在导体内部的分布是均匀的。但是,一旦导体内产

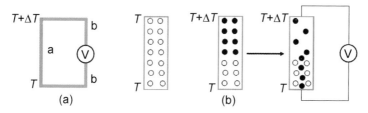

图 1-1 Seebeck 效应(a),与其物理机制示意图(b)

生了温度梯度,处于温度高的一端的载流子就会具有比温度低的一端的载流子更大的动能,从而趋于向温度低的一端扩散并堆积,这就会导致温度低的一端的载流子数目多于温度高的一端。当导体达到平衡以后,导体两端所形成的电势差就是我们所说的 Seebeck 电势。

1.2.2 Peltier 效应

Peltier 效应(电能转化为热能的现象),是指当电流通过处在相同温度的两种导体 a 和 b 组成的回路时,在两种导体的接点处会分别吸热和放热[图 1-2(a)]。若改变电流的方向,吸热和放热的接点也随之相应地发生改变。它是由法国钟表匠 Peltier 在 1834 年首先发现的,因此被称为 Peltier 效应。Peltier 效应与 Seebeck 效应是恰恰相反的。

吸收或者放出的热量大小与流过的电流 I 成正比的,并有如下关系:

$$\frac{dQ}{dt} = \pi_{ab} I \tag{1-3}$$

其中,Q 为吸收或放出的热量;t 为时间;π_{ab} 为 Peltier 系数(单位为 W/A),也可用 V 表示,当电流在接头处由导体 a 流向 b 时,若接头处吸收热量,则 π_{ab} 为正,反之则为负。

图 1-2(b)解释了 Peltier 效应的物理机制。由于两种导体中的载流子具有不同的费米能级,因此,在电场力驱动下,一种导体的载流子就

会流向另一种导体。当载流子通过两种材料间的势垒时,就会与外界发生能量的交换。若载流子从费米能级高的导体流入费米能级低的导体时,则会释放一定的能量,宏观上就表现为放热现象。与之相反的是:若载流子从费米能级低的导体流向费米能级高的导体时,宏观上就表现为吸热现象。

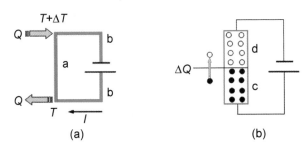

图1-2 Peltier效应(a),与其物理机制示意图(b)

1.2.3 Thomson 效应

1854年,Thomson使用热力学方法分析了Peltier效应和Seebeck效应后认为:当一段具有温度梯度的导体内部通过电流 I 时,导体中温度分布就必然会被破坏,要想维持导体中原先存在的温度分布,导体就会放出或吸收热量。导体放出或吸收的热量 Q 与电流 I 以及施加于电流方向上的温差 ΔT 是成正比的:

$$\frac{\mathrm{d}Q}{\mathrm{d}t} = \beta I \Delta T \tag{1-4}$$

这就是Thomson效应。其中,β 定义为Thomson系数。

Thomson效应和1.2.2节介绍的Peltier效应之间具有类似的物理机制,当载流子从高温端向低温端扩散时,载流子会在低温端堆积,因此在导体内就会形成电场,由于该电场的存在,会阻止载流子继续从高温端向低温端扩散。当电流流过导体时,如果电流方向与电场方向是相同的,内部电场就会做正功,导体则放出热量。与之相反的是:如果电流方向与内部电场方向是相反的,内部电场就会做负功,导体则吸收热量。但是 Thomson 效应和 Peltier 效应的区别是:Thomson 效应中的能量差来自同一导体中的载流子随温度不同而产生的势能差异。而在 Peltier 效应中载流子的能量差异则来自两种导体中不同载流子之间的势能差。

1.2.4 热电效应之间的相互关系

Seebeck 系数、Peltier 系数和 Thomson 系数之间并不是相互独立的,而是相互联系的,它们之间的这种联系可以通过 Kelvin 关系来建立,具体如下:

$$\frac{\pi_{ab}}{\alpha_{ab}} = T \tag{1-5}$$

$$\beta_a - \beta_b = T\frac{d\alpha_{ab}}{dT} \tag{1-6}$$

1.3 热电器件转化效率和热电优值

1.3.1 Seebeck 系数

通过采用弛豫时间近似,首先假设材料处于稳定的状态,并且只受到电场和温度梯度这两方面的作用,其次假设材料是非简并状态的半导体,那么,由玻耳兹曼方程可知,材料的 Seebeck 系数可以按式(1-7)计算:

$$\alpha = \pm \frac{k_B}{e}\left[\xi - \left(r + \frac{5}{2}\right)\right] \tag{1-7}$$

式中，k_B 是玻耳兹曼常数；e 是电子电荷；ξ 是费米能级 E_F 与 $k_B T$ 的比值，称为简约费米能级；r 是散射因子，在声学波散射、光学波散射、离化杂质、合金散射以及中性杂质中，散射因子 r 分别为 $-0.5, 0.5, 1.5, -0.5$ 和 0；正号对应的载流子类型是空穴，负号对应的载流子类型是电子。

通过式(1-7)可以看出，材料的 Seebeck 系数与费米能级、散射因子等有关系。

1.3.2 电导率

电导率可以按式(1-8)计算：

$$\sigma = ne\mu \qquad (1-8)$$

其中，μ 是载流子迁移率，n 是载流子浓度。

载流子浓度可以按式(1-9)计算：

$$n = 4\pi \left[\frac{2m^* k_B T}{h^2}\right]^{\frac{3}{2}} F_{\frac{1}{2}}(\zeta) \qquad (1-9)$$

其中，m^* 是载流子有效质量，h 是普朗克常数。

1.3.3 热导率

处于非本征激发区的半导体材料，其热导率主要由声子热导率 κ_{ph} 和电子热导率 κ_e 两部分所构成，可以按照式(1-10)计算：

$$\kappa = \kappa_{ph} + \kappa_e \qquad (1-10)$$

一般热电材料都是在非本征激发阶段进行应用，所以一般只需要考虑材料中的 κ_{ph} 和 κ_e 即可。κ_{ph} 和 κ_e 可以分别按照式(1-11)和式(1-12)计算：

$$\kappa_e = L_0 \sigma T \qquad (1-11)$$

$$\kappa_{ph} = \frac{1}{3}C_V v_s l \qquad (1-12)$$

其中,L_0 是洛伦兹常数,C_V 是定容比热,v_s 是声子的扩散平均速率(即声速),l 是平均自由程。

1.3.4 热电器件转化效率和热电优值

图 1-3 为热电器件的工作原理示意图。对于热电制冷器件来说[图 1-3(a)],当电流 I 按照图示方向通过此回路时,在电势作用下,P 型半导体中的空穴和 N 型半导体中的电子都会沿着图 1-3(a)所示箭头方向从上向下移动,也就是 P 型载流子定向移动方向与电流方向相同,而 N 型载流子定向移动方向与电流方向相反,这样器件两端就会形成温度梯度,从而把热量从低温端输运到高温端。因此,器件的高温端放热从而对环境加热,而低温端从环境吸收热量实现制冷。

对于热电发电器件来说[图 1-3(b)],当热电器件两端存在温差(ΔT)时,P 型和 N 型半导体中的载流子都会从高温端($T+\Delta T$)向低温端(T)移动。当达到平衡时,在 P 型和 N 型半导体的冷端将分别聚集大量的空穴和电子,从而在 P 型和 N 型半导体冷端之间形成电动势,因此,闭合回路中就会形成源源不断的电流,从而实现热能的发电。

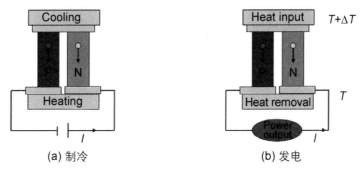

图 1-3 热电器件的工作原理图

为获得更高的转换效率,实际使用的热电器件一般由多个图1-3所示的热电单元所组成,通过串联或并联方式连接来达到所需要的发电或制冷功率。

使用热电材料发电或者制冷的同时,由于材料中有电流通过,所以材料本身就会产生焦耳热。因此,使用热电效应的同时,其实,材料与环境热量的变化由热电效应、热传导和焦耳热这三个部分所组成。通过计算这三个物理量,最终可以计算出制冷器的最大制冷效率以及发电器的最大发电效率。

对于热电制冷器来说,其最大的制冷效率可以按照式(1-13)计算:

$$\eta_{\max} = \frac{T_C}{T_H - T_C}\left(\frac{\sqrt{1+Z\bar{T}} - \frac{T_H}{T_C}}{\sqrt{1+Z\bar{T}} + 1}\right) \qquad (1-13)$$

对于热电发电器来说,其最大的发电效率可以按照式(1-14)计算:

$$\eta_{\max} = \frac{T_H - T_C}{T_H}\left(\frac{\sqrt{1+Z\bar{T}} - 1}{\sqrt{1+Z\bar{T}} + T_C/T_H}\right) \qquad (1-14)$$

式中,T_H,T_C,$\bar{T}$分别为热端、冷端以及平均温度。其中,$\bar{T}$可以按照式(1-15)计算:

$$\bar{T} = \frac{T_H + T_C}{2} \qquad (1-15)$$

从式(1-13),式(1-14)和式(1-15)可以看出,当热端和冷端的温度稳定后,热电制冷和热电发电的最大功率就只与参数Z有关系,因此该参数被称为热电优值。其表达式如式(1-16)所示:

$$Z = \frac{\alpha^2 \sigma}{\kappa} = \frac{\alpha^2 \sigma}{\kappa_{ph} + \kappa_e} \qquad (1-16)$$

其中：α是Seebeck系数，σ是电导率，κ_{ph}和κ_e分别为声子热导率和电子热导率，$\alpha^2\sigma$被称为功率因子。热电优值Z的单位为K^{-1}，通常将其与绝对温度的乘积ZT作为一个整体，因此ZT被定义为材料的无量纲热电优值[4]。

由于无量纲热电优值ZT中的三个物理量电导率、Seebeck和热导率均与材料的电子结构和载流子散射有关，且它们之间相互制约，因此很难提高材料的ZT值，从而限制了热电材料被大规模应用。[5-8]这就是热电材料从被发现到21世纪初，其性能提高缓慢的主要原因。幸运的是，近年来由于纳米科技的发展，使得热电材料的热电性能有了大幅度的提高。图1-4描述了近30年来热电材料发展的重大突破事件。

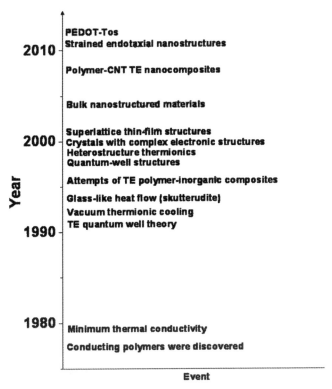

图1-4 近30年来热电材料发展的重大突破事件

1.4 导电高分子-无机纳米结构复合热电材料研究进展

1993 年,Hicks 和 Dresselhaus 等[9-10]预言通过降低材料的物理维度,例如引入"量子阱"(Quantum confinement),就可以实现费米能级附近电子态密度的提高,进而提高材料的 Seebeck 系数,最终提高材料的热电性能。与此同时,在纳米级的超晶格中因为增加了势阱壁表面声子的边界散射,从而可以降低材料的晶格热导率。这个预言随后被很多实验工作所证实[7, 11-27],超晶格也获得了比块体材料大数倍的热电性能。如:Venkatasubramanian 等[12]制备了 Bi_2Te_3/Sb_2Te_3 超晶格薄膜,ZT 值达到了 2.4(300 K);Harman 等[17]制备了 N 型 $PbSe_{0.98}Te_{0.02}/PbTe$ 量子点超晶格,ZT 值达到了 3(550 K)。

由于声子散射的影响,块体和薄膜热电材料的热导率显著下降,因此热电性能得到了大幅度的提高。如:$AgPb_{18}SbTe_2$ 块体材料($ZT=1.7$, 700 K)[15](2004);Bi_2Te_3/Sb_2Te_3 块体复合材料($ZT=1.47$, 448 K)[21](2008);BiSbTe 块体材料($ZT=1.4$, 373 K)[22](2008);$Bi_{0.52}Sb_{1.48}Te_3$ 块体材料($ZT=1.56$, 300 K)[26](2009);$(GeTe)_{80}(Ag_ySb_{2-y}Te_{3-y})_{20}$ 块体材料($y=1.2$ 时,$ZT=1.51$, 730 K)[28](2010);$Bi_{0.4}Sb_{1.6}Te_3$ 多孔薄膜材料(ZT 值 $=1.8$, 300 K,测试误差为 28% 以内)[29](2011);$Cu_{2-x}Se$ 块体材料($ZT=1.5$, 1 000 K)[30](2012)以及 Na_2Te 掺杂的 $PbTe_{-x}MgTe$ 块体材料(ZT 值 $=1.6$, 780 K)[31](2012)等相继被报道。

虽然上述报道的无机热电材料展现出了相对较高的 ZT 值,但是由于其原材料及加工设备价格昂贵,存在重金属污染[32]以及加工工艺复杂等缺点而影响了其大规模的应用[5,32-34]。因此,若想使热电器件实用化和商品化,必须开发高性能并且价格低廉的热电材料。[33,35]

导电高分子聚合物,如聚苯胺(PANI)、聚噻吩(PTH)、聚 3,4-乙撑二氧噻吩(PEDOT)、聚乙炔(PA)、聚吡咯(PPY)、聚咔唑(PC)、聚对苯乙炔(PPV)等以及它们的衍生物具有热导率低、质轻、价廉、容易合成和加工成型等优点,因此具有成为热电材料的潜力。表 1-1 所列是典型的导电高分子聚合物的化学结构。

但是,由于大多数导电高分子聚合物具有相对较低的电导率、Seebeck 系数和功率因子[10^{-6}~10^{-10} W/(m·K^2)范围],一般比传统无机热电材料的功率因子低三个数量级。[36-38]为了提高导电高分子聚合物的热电性能,可以将无机热电纳米结构均匀地分散在导电聚合物基体中,从而利用无机热电纳米结构相对高的电导率和 Seebeck 系数以及聚合物低的热导率,以期制备出性能优异的聚合物基无机纳米结构复合材料。基于此构想,近年来越来越多的研究人员致力于研究导电高分子聚合物-无机纳米结构复合热电材料。下面就无机热电纳米结构-导电高分子复合热电材料的研究进展做一综述。

1.4.1 聚苯胺-无机纳米结构复合热电材料

1.4.1.1 聚苯胺

在典型的导电聚合物中,PANI 由于电导率较高、环境稳定性较好、合成方法简单等优点,已经成为当前国际上导电高分子领域的研究热点。

PANI 和大多数导电高分子聚合物一样,整个导电体系由金属性畴(Metallic domains)及微观无序区(Microscopic disorders)所组成。金属性畴的电导率远远高于微观无序区的电导率。金属性畴间的电荷传输是通过连接它们导电的 PANI 分子链来实现的。[39]因此 PANI 的电导率和 Seebeck 系数与其制备条件密切相关,[40]降低材料中的微观无序

导电聚合物-无机纳米结构复合热电材料的制备及其性能研究

表 1-1 典型的导电高分子聚合物的化学结构

Materials	Chemical structure	Materials	Chemical structure
Polyaniline: Leucoemeraldine ($y=1$), emeraldine ($y=0.5$), and pernigraniline ($y=0$)	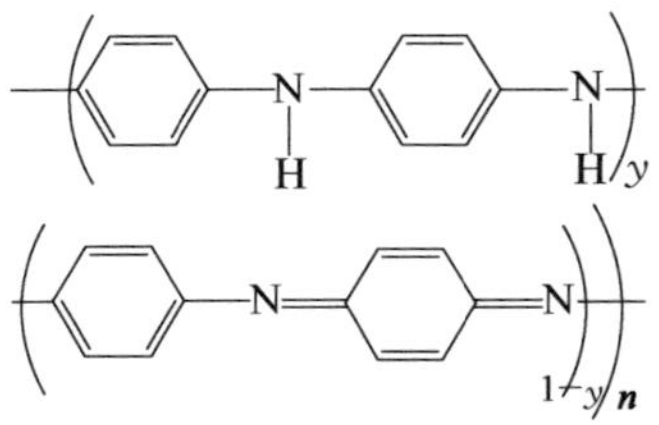	Polythiophene	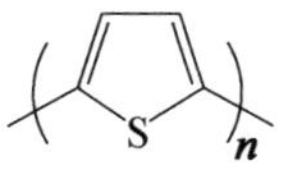
Poly(3,4-ethylenedioxythiophene)	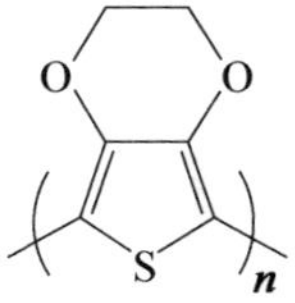	Trans-Polyacelylene	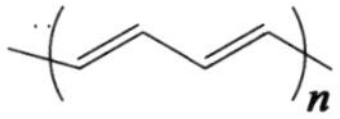
Polypyrrole	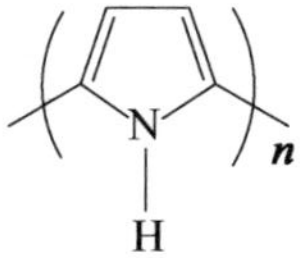	Poly(para-phenylene)	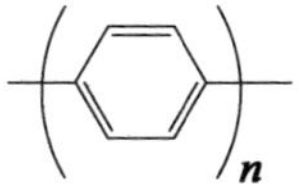
Poly(2,7-carbazolylenevinylene)	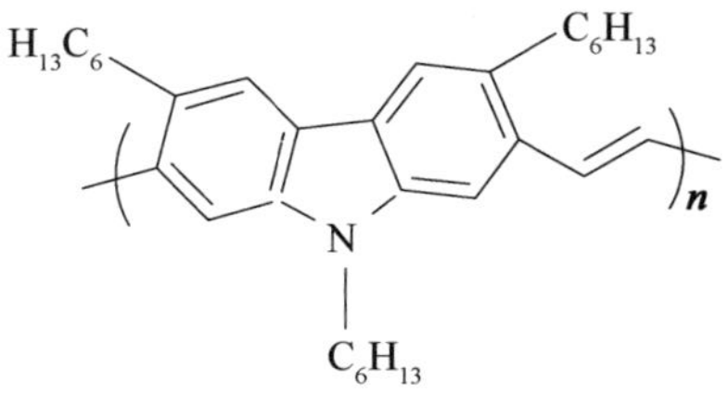	Poly(para-phenylene vinylene)	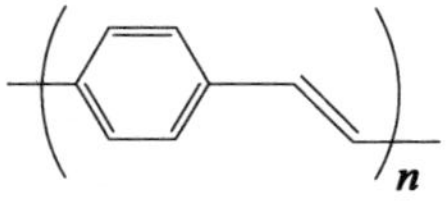

区可以大幅度提高其电传输性能。[41]

(±)-10-樟脑磺酸(CSA)掺杂的聚苯胺(PANI-CSA)[42]以及PANI-CSA与聚甲基丙烯酸甲酯的复合薄膜(PMMA)[43]室温时的Seebeck系数均在 8~12 μV/K 范围内,并且即使 PANI-CSA 的体积分数在复合薄膜中降至 1%,其 Seebeck 系数仍然随着温度的增加而呈线性的增大。

由绝缘态 PANI 层,和经 CSA 掺杂的具有导电性的 PANI 层所组成的多层薄膜结构[34,44]的 ZT 值达到了 1.1×10^{-2}(423 K)。并且轴向拉伸也可以增加 CAS 掺杂的 PANI 薄膜的热电性能。

HCl 和 H_2SO_4 掺杂的 PANI,其电导率主要由跃迁机制决定,[42,45,46]但是其 Seebeck 系数随着温度的变化呈现"U"形趋势变化[47]。HCl 掺杂的 PANI 其电导率和 Seebeck 系数都随着温度的增加而增加(电导率从 0.47×10^{-7} S/cm 增加到 10^{-5} S/cm,Seebeck 系数从 −6 μV/K 增加到 93 μV/K)。[48]通过化学氧化法合成的 HCl 掺杂的 PANI[32],随着 HCl 掺杂浓度的增加,电导率和 ZT 值先增大后减小,而 Seebeck 系数却表现出相反的变化趋势。掺杂剂 HCl 的浓度对热导率的影响较小,当 HCl 的浓度为 1.0 M 时,获得最大 ZT 值为 2.67×10^{-4}(423 K)。

对于掺杂的 PANI 和 PPY,其电导率的对数和 Seebeck 系数呈线性关系,增大载流子的浓度对电导率和 Seebeck 系数的影响相反。电导率随着载流子浓度的增大而增大,但是 Seebeck 系数随着载流子浓度的增大而减小[49]。由不同质子酸掺杂的 PANI 薄膜均表现出很低的热导率,并且薄膜的热导率与电导率和掺杂剂的种类没有必然联系。[50]为了同时提高电导率和 Seebeck 系数,并且降低热导率,Sun 等[51]合成了 β-萘磺酸掺杂的 PANI 纳米管,并且研究了纳米结构对其热电性能的影响。研究发现,与没有特殊形貌的 PANI 相比,具有纳米管结构的

PANI 的电导率和 Seebeck 系数均有提高,而热导率下降。这是因为,聚合物分子链的排列有序性提高后,载流子的迁移速率就会提高,最后电导率和 Seebeck 系数将同时增大,这一研究结果与经拉伸的 PANI 薄膜是一致的。[52]除此之外,由于 PANI 纳米管具有弯曲和缠绕的结构,声子的自由程减小,在热传递的过程中界面处的边界声子散射将增大,有助于降低热导率。[51]

PANI 可以通过电化学聚合、化学氧化聚合、模板聚合、微乳液聚合以及超声辐照合成等多种方法来合成,并且其合成产物的形貌可以是颗粒、纤维、纳米管或者薄膜等。所合成的 PANI 的电导率与其分子量、分子排列、氧化程度、结晶程度以及掺杂程度都有关系。[53]另外,PANI 的电导率和 Seebeck 系数受其制备条件和温度的影响较大,其电导率可以通过优化合成条件、制备多层膜结构或者拉伸所制备的薄膜等方法来提高。同时,PANI 有非常低的热导率,并且其热导率受样品的制备条件、样品的电导率以及掺杂剂的影响很小。[50]因此,若能通过优化 PANI 的制备条件、选择合适的掺杂剂、调节掺杂剂的浓度来同时提高其电导率,PANI 的 ZT 值将会进一步提高,其作为热电材料将会具有更广阔的应用前景。

1.4.1.2 聚苯胺-无机纳米结构复合热电材料

由于 PANI 具有良好的化学稳定性以及相对较高的电导率,因此,很多研究人员将其作为基体,研究 PANI-无机纳米结构复合材料的热电性能。如 PANI-金属氧化物[54],PANI-Bi[55, 56],PANI-Bi_2Te_3 及其合金[57-59],PANI-$NaFe_4P_{12}$[37],PANI-CNT[33, 60] 和 PANI-PbTe[61]复合热电材料。目前,制备 PANI-无机纳米结构复合热电材料及导电聚合物-无机纳米结构复合热电材料的方法主要有物理混合、溶液混合、原位氧化/插层聚合以及原位界面聚合等。

(1) 物理混合

Zhao 等[57]通过机械共混法制备了 PANI-$Bi_{0.5}Sb_{1.5}Te_3$(1 wt%~7 wt% PANI)复合热电材料,并在~1 GPa 的压力条件下冷压成块体材料。所制备的块体材料与 $Bi_{0.5}Sb_{1.5}Te_3$ 相比,由于 Seebeck 系数下降了 10%,且电导率显著地下降了 30%~70%,所以其功率因子显著下降。因此,提高此类复合材料热电性能的首要方法是提高其电导率,如通过选择合适的掺杂剂及优化掺杂剂的含量来对 PANI 进行掺杂、选择具有高导电率的无机材料以及在真空条件下制备样品以减少气孔含量等。Wang 等[62]通过机械球磨然后冷压的方法制备了 $HClO_4$ 掺杂的 PANI/石墨复合材料(石墨具有相对较高的电导率,$5.74×10^2$ S/cm),在球磨的过程中,$HClO_4$ 掺杂的 PANI 和石墨相之间产生了很多的纳米层界面(Nanolayer interfaces),结果随着复合材料中石墨含量的增大(从零增加到 50 wt%),所制备的块体材料的电导率(从 1.23 S/cm 增加到 120 S/cm)和 Seebeck 系数均显著增大(从 -0.82 μV/K 增加到 18.66 μV/K),而热导率增加得并不显著[从 0.29 W/(m·K)增加到 1.20 W/(m·K)]。在石墨含量为 50 wt%时,复合材料获得了最大的 ZT 值为 $1.37×10^{-3}$(393 K)。Anno 等[55]通过球磨方法制备了 CSA 掺杂的 PANI/Bi 复合热电材料,发现在球磨过程中 PANI 的加入可以有效地减轻 Bi 纳米颗粒的团聚和氧化。所制备的 CSA 掺杂的 PANI/Bi 复合薄膜的 Seebeck 系数比单纯的 CSA 掺杂的 PANI 薄膜大很多,但是电导率却小很多。最近,Li 等[58]通过机械混合的方法制备了 PANI/Bi_2Te_3 复合材料,研究发现,复合材料在 300 K 时的 Seebeck 系数和 Bi_2Te_3 的差不多(-50 μV/K),电导率和 PANI 的相似(2 S/cm)。因此,复合材料的功率因子比单纯的 Bi_2Te_3 和 PANI 都要低,并且,随着温度的增加,功率因子基本保持不变。

(2) 溶液混合

通常认为,溶液混合可以使导电聚合物和无机纳米粒子混合得更加均匀,因此认为,通过溶液混合制备的纳米复合薄膜将具有更高的电导率。Toshima 等[59]通过物理混合和溶液混合的方法分别制备了 PANI/Bi_2Te_3 复合薄膜,并比较了通过这两种方法所制备的复合薄膜的热电性能。研究发现,通过物理混合所制备的复合薄膜具有更高的电导率和功率因子。他们认为产生这种现象的主要原因是使用物理混合方法制备的复合薄膜中 Bi_2Te_3 分散得更加均匀。Hostler 等[56]通过溶液混合的方法制备了 PANI-Bi 纳米复合材料并测试了其热电性能,结果显示,与单纯的 PANI 相比,复合材料除了电导率略微增大以外,其 Seebeck 系数、热导率和 ZT 值均与单纯的 PANI 的相当。

(3) 原位氧化/插层聚合

Wu 等[54]将苯胺单体通过插层进入到 $V_2O_5 \cdot nH_2O$ 凝胶中,然后通过原位聚合法制备了 PANI-$V_2O_5 \cdot nH_2O$ 复合材料并测试了其热电性能。研究发现,新制备的复合材料的电导率为 $10^{-4} \sim 10^{-1}$ S/cm,并且电导率的大小取决于 $V_2O_5 \cdot nH_2O$ 凝胶层之间的 PANI 的聚合程度。复合材料的 Seebeck 系数在 $-30\ \mu V/K \sim 200\ \mu V/K$ 之间,Seebeck 系数的大小取决于复合材料中 PANI 的含量和聚合程度。[54]

Liu 等[37]通过原位聚合的方法制备了 PANI/$NaFe_4P_{12}$ 晶须和 PANI/$NaFe_4P_{12}$ 纳米线。结果显示,在温度高于 373 K 时,PANI/$NaFe_4P_{12}$ 纳米线具有比 PANI/$NaFe_4P_{12}$ 晶须和 PANI 更高的 Seebeck 系数。这主要是因为量子限域在 PANI/$NaFe_4P_{12}$ 纳米线中更加明显,结果 PANI/$NaFe_4P_{12}$ 纳米线中单位体积内的态密度增大所引起的。

本课题组通过原位界面聚合的方法制备了 PANI/PbTe 复合材料[61],这种复合材料主要由 PbTe 纳米粒子、PANi/PbTe 核-壳结构和 PbTe/PANi/PbTe 三层球状纳米结构所组成。当测试温度从 293 K 增加到 373 K 时,电导率从 0.019 S/cm 增加到 0.022 S/cm,而 Seebeck 系数从 626 $\mu V/K$ 降低到 578 $\mu V/K$。[61]

Yu 等[35]首次报道了在碳纳米管(CNT)-聚合物复合热电材料中，随着 CNT 含量的增加，复合材料的电导率显著增大，而 Seebeck 系数和热导率的变化并不明显。这就使通过提高 CNT-聚合物复合材料的电导率来提高其热电性能有了可能。这个工作报道以后，越来越多的科研工作者开始关注在聚合物体系中引入 CNT，以期望提高复合材料的热电性能。[33,60]如：Yao 等[33]通过原位聚合的方法制备了单壁碳纳米管(SWCNT)-PANI 复合热电材料，由于 SWCNT 和 PANI 之间强的 π—π 键结合，结果复合材料具有比单纯 PANI 更加有序的分子结构，提高了复合材料中的载流子迁移速率。因此所制备的复合材料具有比单纯 PANI 更高的电导率和 Seebeck 系数。令人兴奋的是，由于 SWCNT-PANI 界面的声子散射作用，复合材料热导率随着 SWCNT 含量的增加基本保持不变，复合材料温室时获得了最大的 ZT 值为 0.004。Meng 等[60]通过两步方法制备了 PANI/CNT 复合材料：第一步，使 CNT 形成网状结构；第二步，在所形成的 CNT 网状结构的基础上原位聚合制备复合材料。结果所制备的复合材料的电导率、Seebeck 系数和功率因子都有所提高，其主要原因可能是由于具有纳米结构的 PANI 包覆在 CNT 表面所引起的能量过滤效应所造成的。复合材料热导率仍相对较低[~0.39~0.5 W/(m·K)]。

从上可知，为了提高 PANI-无机纳米结构复合材料的热电性能，其首要任务是通过选择合适的聚合物掺杂剂、优化掺杂剂的用量以及选具有高电导率的无机纳米结构来提高复合材料的电导率。

1.4.2 聚噻吩-无机纳米结构复合热电材料

1.4.2.1 聚噻吩

Gao 等[63-65]通过理论计算显示 PTH 具有简单的能带结构，其带隙为 0.9 eV，在低的掺杂程度条件下，P 型掺杂和 N 型掺杂的 PTH 的

Seebeck 系数在温度为 300 K 时分别为 100 μV/K[掺杂剂含量:空穴与单体单元的比例为 0.04(0.04 hole/monomer unit)]和 $-$140 μV/K[掺杂剂含量:电子与单体单元的比例为 0.02 (0.02 e/monomer unit)][38]。

Shinohara 等[66,67]在不同的实验条件下通过电化学聚合方法制备了 PTH 薄膜,并且发现所制备的薄膜的 Seebeck 系数随着其电导率的增加而降低。他们估计了薄膜的热导率为 0.1 W/(m·K),最后计算出薄膜的热电优值为 1.5×10^{-4} K^{-1}。他们还研究了聚合物主链之间的载流子传输对所制备的薄膜热电性能的影响。结果显示,提高薄膜的结晶度、降低表面粗糙度都可以提高薄膜的电导率。因此,认为薄膜的电导率主要是由聚合物链之间的电子传导决定的。具有高导电率的薄膜,其 $\log(\sigma)$-$(1/T)^{1/4}$ 之间呈线性关系,符合变程跃迁[Variable range hopping (VRH)]规律。具有低电导率的薄膜,其 $\log(\sigma)$-$(1/T)^{1/4}$ 之间不呈线性关系,σ-T 曲线在低温和高温分别符合最近距离跃迁[Nearest-neighbour distance hopping (NDH)]和 VRH 规律。PTH 薄膜中聚合物主链分子之间的载流子传输的难易程度决定了其导电机理,并且直接影响 PTH 薄膜的 ZT 值。图 1-5 描述了 PTH 薄膜的主

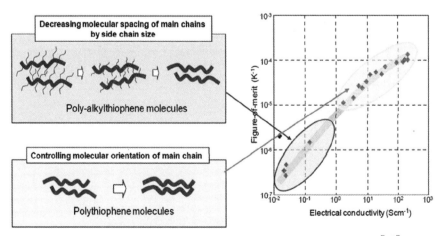

图 1-5　PTH 薄膜的主链分子结构对其电导率和热电优值的影响[67]

链结构对其电导率和热电优值的影响。[67]图1-6为VRH和NDH的示意图。[67]

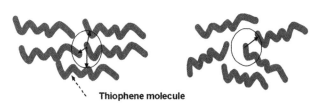

图1-6 VRH和NDH的示意图[67]

除了主链以外,PTH及其衍生物侧链的大小对其热电性能也有非常显著的影响。如:与PTH相比,聚噻吩[3,2-b]并噻吩(PTT)薄膜具有更大的Seebeck系数,其主要原因是PTT具有更长的π-共轭结构(π- conjugated structure)[68]。Shinohara等[69]比较了采用化学氧化法所合成聚(3-烷基噻吩)的Seebeck系数后发现,当电导率小于0.1S/cm时,具有较短侧链的聚(3-烷基噻吩)的Seebeck系数相对较大。当电导率大于1 S/cm时,由于没有侧链,PTH具有最大的Seebeck系数。产生这种现象的主要原因是,侧链的长度减少后,单位体积内主链的密度增大,所以侧链越小,PTH及其衍生物的热电性能就越好。图1-7比较了PTH系列和其他导电聚合物以及Bi-Te体系的电导率和Seebeck系数的关系。[69]结果显示,随着PTH及其衍生物电导率的增大,其Seebeck系数减小,并且侧链越小,热电性能越好。

另外,提高导电聚合物共轭链的立构规整性对聚合物的热电性能也具有显著的影响。Lu等[70]在新蒸的三氟化硼二乙基乙醚络合物(BFEE)溶液中通过电化学聚合方法制备了PTH和聚(3-甲基噻吩)(PMeT)薄膜。由于存在易挥发、水敏性的掺杂剂BFEE,结果引起薄膜

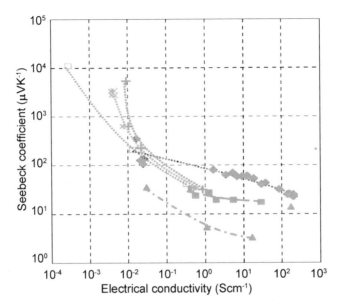

图 1-7 PTH 系列和其他导电聚合物以及 Bi-Te 体系的电导率和 Seebeck 系数的关系，其中，PTH（◆），聚十二烷基噻吩（□），聚辛基噻吩（×），聚己基噻吩（＋），聚乙炔（■），聚苯胺（▲）和 Bi-Te（∗）[69]

中载流子浓度降低，最后导致薄膜电导率较低，但是 Seebeck 系数却大幅度增加，所制备的薄膜 2 个月后的 ZT 值仍保持在 10^{-2} 以上。因此，可以通过提高导电聚合物共轭链的立构规整性，来获得高的载流子迁移速率，从而提高聚合物的热电性能。

虽然掺杂和去掺杂的 PTH 均具有优良的环境稳定性，但是 PTH 的 Seebeck 系数和电导率相对较低。为了提高其热电性能，需要设计导电聚合物的电子结构，使其具有合适的态密度和费米能级。[71] 有趣的是，Sun 等[72] 最近报道了通过调整掺杂的聚烷基噻吩的态密度，可使得其电导率和 Seebeck 系数同时增加。在聚（3-己基硫代噻吩）（P3HTT）含量为 8 wt% 的聚（3-己基噻吩）（P3HT）薄膜中，随着掺杂剂四氟四氰基醌二甲烷（F_4TCNQ）的浓度从 0.2 wt% 提高到 0.7 wt%，所制备的复合薄膜的电导率从 2×10^{-5} S/cm 提高到了 3.7×10^{-5} S/cm，与此同时，其 Seebeck 系数也由 460 μV/K 增加到了 530 μV/K。当 P3HTT 和 F_4TCNQ 在 P3HT 薄膜中的含量分别为 2% 和 0.25 wt% 时,P3HT 薄膜获得了最大的 Seebeck 系数(700 μV/K)。通过调整 3HTT 和 F_4TCNQ 的含量,复合薄膜的功率因子在 $4.62\times 10^{-4} \sim 7.58\times 10^{-3}$ μW/(m·K^2)范围内变化。

因此,可以通过减少 PTH 薄膜的表面粗糙度和气孔率,提高薄膜的结晶性和共轭链的立构规整性以及设计聚合物的电子结构,使其具有合适的态密度和费米能级等方法来提高 PTH 的热电性能。

1.4.2.2　聚噻吩-无机纳米结构复合材料

至今,由于 PTH 不溶于水及大多数有机溶剂,加热时直至分解仍不熔融,以及电导率相对较低等原因,关于 PTH-无机纳米结构复合热电材料的研究很少。

2007 年,Pinter 等[73]在氯仿溶液中,使用 $FeCl_3$ 作为氧化剂,通过化学氧化的方法制备聚(3-辛基噻吩)颗粒,其 Seebeck 系数高达 1 283 μV/K。然后将聚(3-辛基噻吩)颗粒注入高氯酸银的硝基甲烷溶液中制备 P3OT/Ag 复合材料。在一定范围内可通过增加 Ag 的含量来提高复合材料的电导率。

1.4.3　聚 3,4-乙撑二氧噻吩-无机纳米结构复合热电材料

1.4.3.1　聚 3,4-乙撑二氧噻吩

聚 3,4-乙撑二氧噻吩(PEDOT)是由德国 Bayer 公司在 1991 年首先合成的,具有导电率高、密度低、柔韧性好、热导率低、热稳定性能优良以及容易合成等优点。但是,PEDOT 本身为不溶性聚合物,所以限制了其应用。不过,目前可以通过采用一种水溶性的高分子电解质聚苯乙烯磺酸(PSS)掺杂解决 PEDOT 的水溶性问题。掺杂后所获得的

PEDOT/PSS 膜具有高电导率、高机械强度、高可见光透射率以及优越的稳定性等优点。

通过掺杂电介质溶剂如二甲亚砜(DMSO)、N,N-二甲基甲酰胺(DMF)、四氢呋喃(THF)等可以进一步提高 PEDOT：PSS 薄膜的电导率,其主要原因是这些电介质溶剂可以使 PEDOT 的分子链排列得更加有序,有利于载流子的传输。[74-75] Chang 等[75]研究了 DMSO 含量($0\sim10$ wt%)对 PEDOT：PSS 薄膜热电性能的影响,研究发现：薄膜的 Seebeck 系数在 $13\sim41$ $\mu V/K$ 范围内波动,因此要提高薄膜的热电性能,关键在于提高其电导率。Jiang 等[76]报道了不同有机溶剂掺杂和采用不同的热处理工艺处理后的 PEDOT：PSS 的热电性能。DMSO 或者乙二醇(EG)掺杂后,PEDOT 的分子链由弯曲结构转变成了直线结构,这种分子链结构的变化引起了电导率的增加,而 Seebeck 系数基本保持不变。Scholdt 等[77]通过旋涂的方法制备了 PEDOT：PSS 薄膜,当用 DMSO 掺杂后,薄膜的电导率大幅度增加,但是其 Seebeck 系数和热导率基本不变。DMSO 的掺杂量为 5 vol.%时,室温时薄膜的 ZT 值为 9.2×10^{-3}。Liu 等[78]报道了 DMSO 掺杂的 PEDOT：PSS 薄膜的电导率(300 S/cm)明显高于块体的电导率(55 S/cm),但 Seebeck 系数基本相同。尿素掺杂的 PEDOT：PSS 薄膜,随着尿素含量的增加,薄膜的电导率从 8.16 S/cm 增加到 63.13 S/cm,Seebeck 系数从 14.47 $\mu V/K$ 增加到 20.7 $\mu V/K$,结果功率因子从 0.2 $\mu W/(m·K^2)$ 增加到了 2.7 $\mu W/(m·K^2)$(300 K)。[79]

最近,Taggart 等[80]通过光刻图形化纳米线电沉积(Lithographic patterned nanowire electrodeposition,LPNE)工艺制备了 PEDOT 纳米线,由于 PEDOT 纳米线中的载流子迁移率远大于薄膜中的载流子迁移率,因此纳米线的电导率远高于薄膜,同时,纳米线的 Seebeck 系数(-122 $\mu V/K$)的绝对值也高于薄膜(-57 $\mu V/K$)。

由于通过适当的掺杂,PEDOT∶PSS 的电导率可以达到 1 000 S/cm,因此 PEDOT∶PSS 有望成为性能优异的热电材料。

Bubnova 等[81]用对甲苯磺酸铁[Fe(Tos)$_3$]溶液氧化 EDOT 单体得到对甲苯磺酸盐掺杂的 PEDOT 薄膜,然后用四(二甲氨基)乙烯(TDAE)蒸汽处理得到不同氧化掺杂程度的 PEDOT 薄膜。当氧化程度从 36% 降低到 15% 时,电导率从 300 S/cm 降低到 6×10^{-4} S/cm,Seebeck 系数从 40 μV/K 增加到 780 μV/K。通过调节合适的氧化掺杂程度,PEDOT 室温时的 ZT 值可达 0.25。这是目前已报道的 ZT 值最高的聚合物热电材料。

1.4.3.2　聚 3,4-乙撑二氧噻吩-无机纳米结构复合热电材料

为了提高 PEDOT∶PSS 的热电性能,通常选用以下两类无机材料来制备 PEDOT∶PSS-无机纳米结构复合热电材料。

第一类是具有高电导率的无机材料,如 CNT。2010 年 Kim 等[82]制备了 PEDOT∶PSS-CNT 复合热电材料,获得了 400 S/cm 的电导率,而 Seebeck 系数和热导率随着 CNT 含量的增加基本保持不变。其主要原因是覆盖在 CNT 之间结合部位的 PEDOT-PSS 粒子使得电子可以容易地从一根 CNT 迁移到另一根 CNT。与电子传输不同的是,由于 CNT 和 PEDOT∶PSS 振动光谱(Vibrational spectra)不匹配,热传导在 CNT 和 CNT 结合部位受到了阻碍,因此热导率随着复合材料中 CNT 含量的增加增大的并不明显。所以 CNT 的加入提高了复合材料的热电性能,在室温时获得了最大的 ZT 值为 0.02。这一思想与 Yu 等[35]的报道是一致的。

第二类是具有高 Seebeck 系数的无机材料。如 Te 纳米棒[83]、Bi_2Te_3[71]和 $Ca_3Co_4O_9$[84]等。2010 年 See 等[83]原位合成了 PEDOT∶PSS-Te 纳米复合薄膜,该复合薄膜具有比 PEDOT∶PSS 和 Te 都高

的电导率。他们认为复合薄膜中形成了连续的网络结构和纳米级的有机-无机界面,使颗粒之间的接触得到了改善,所以电导率得到了提高。另外,PEDOT∶PSS防止了Te纳米棒的氧化。室温时最大ZT值达到了0.1。图1-8描述了PEDOT∶PSS-Te纳米复合薄膜的合成过程。图1-9所示是所合成的复合薄膜的SEM和TEM照片。

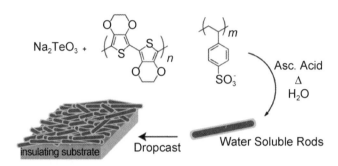

图1-8　PEDOT∶PSS-Te纳米复合薄膜的合成过程示意图

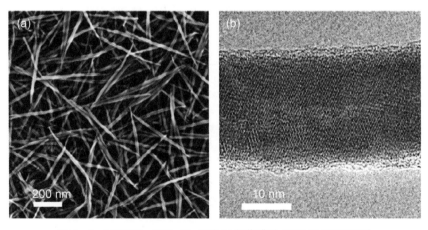

图1-9　PEDOT∶PSS-Te纳米复合薄膜的SEM和TEM照片

最近,H.C.Stark公司生产了两种高导电率的PEDOT∶PSS产品,CLEVIOS PH1000和CLEVIOS FE-T。Zhang等[71]研究了这两

种商业产品 DMSO 掺杂,其功率因子分别达到了 47 μW/(m·K^2)和 30 μW/(m·K^2),并分别与 P 型和 N 型的 Bi$_2$Te$_3$ 复合后,功率因子都有进一步的提高。

Liu 等[84]通过机械混合后浇注的方法制备了 PEDOT∶PSS/Ca$_3$Co$_4$O$_9$ 复合薄膜。与单纯的 PEDOT∶PSS 薄膜相比,随着复合材料中 Ca$_3$Co$_4$O$_9$ 含量的增大,复合薄膜的电导率显著降低,而 Seebeck 系数增加得并不明显,最终导致了功率因子大幅度的降低。

考虑到掺杂后的 PEDOT∶PSS 具有很高的电导率和相对较低的 Seebeck 系数,因此要提高 PEDOT∶PSS-无机纳米结构复合材料的热电性能,关键是要选择具有高 Seebeck 系数的无机纳米结构。

最近我们课题组[85]研究发现,对 PEDOT 进行适当的掺杂,可以获得很高的 Seebeck 系数,通过原位聚合的方法制备了 PbTe/PEDOT 复合材料后发现,当 PbTe 的含量从 0 增加到 44 wt% 时,复合材料的电导率从 10^{-4} S/cm 增加到了 $6.16×10^{-3}$ S/cm,但是 Seebeck 系数的绝对值从 4 088 μV/K 降到了 1 205 μV/K。

1.4.4 其他导电高分子-无机纳米结构复合热电材料

1.4.4.1 聚乙炔

自从 1977 年掺杂的 PA 被报道呈现金属电导特性以来,新型交叉学科导电高分子科学就此诞生了。[86-88]随后越来越多的研究人员开始关注掺杂后的 PA 的热电性能。如过渡金属卤化物[89]、碘[90-92]、碱金属卤化物[93]等掺杂后的 PA 的热电性能,以及拉伸后的 PA 薄膜[92,94]的热电性能的研究陆续被报道。

Park 等[89]研究了过渡金属卤化物,如 FeCl$_3$,TaCl$_5$,NbCl$_5$,ZrCl$_4$,WCl$_6$ 和 MoCl$_5$ 掺杂后的 PA 薄膜的电导率和 Seebeck 系数随温度变化的关系。其中,FeCl$_3$ 掺杂的 PA 在 220 K 时沿着拉伸方向的电导率为

3×10^4 S/cm。碘掺杂的 PA,其电导率在 $10^{-1}\sim10^4$ S/cm 范围内,但是 Seebeck 相对较低(1~22 μV/K)[90, 92]。

1997 年,Choi 等[91]报道了碘掺杂的 PA,从室温降至 4.2 K,其 Seebeck 系数和温度呈准线性(Quasi-linear)关系降低。而金属卤化物(如 $FeCl_3$,$NbCl_5$ 和 $AuCl_3$)掺杂 PA 的 Seebeck 系数在温度从室温降低至 20 K 时和温度呈准线性关系降低,但是当温度低于 20 K 时,Seebeck 系数和温度则不呈准线性关系。为了解释这种现象,Choi 等[91]在高强的磁场条件下测试了掺杂 PA 的 Seebeck 系数,并解释了碘掺杂和金属卤化物掺杂 PA 的 Seebeck 系数随温度变化差异的具体原因。

Park 等[93]研究了碱金属掺杂后的 PA 的热电性能,其中,$(K_{0.14}CH)_X$ 和 $(Rb_{0.17}CH)_X$ 的电导率和温度之间符合如下关系:

$$\sigma(T)/\sigma(260\ K) = A + BT^n \qquad (1-17)$$

其中,A 和 B 为常量。

$(K_{0.14}CH)_X$ 的电导率在 1.7×10^3 S/cm 至 3.7×10^3 S/cm 范围内,Seebeck 系数随着温度从 20 K 增加到 260 K,也线性地从 0.5 μV/K 增加到 8.5 μV/K。

经拉伸后的($MoCl_5$,I_2 和 $FeCl_3$)掺杂的 PA 薄膜的 Seebeck 系数具有各向异性。[92, 94] $MoCl_5$ 掺杂的 PA 薄膜经拉伸后,平行于拉伸方向的电导率为 6.4×10^3 S/cm,是垂直于拉伸方向的 25 倍。I_2 和 $FeCl_3$ 掺杂的 PA,高电导率和高 Seebeck 系数均为同一方向。

虽然关于单纯 PA 的热电性能做了大量的研究工作,但由于其在空气中不稳定,限制了其作为热电材料的使用,到目前为止,还没有关于 PA-无机纳米结构复合材料热电性能的文章报道。

1.4.4.2 聚吡咯

PPY 的化学稳定性比 PA 好很多,并且可以通过多种方法来合成。但是 PPY 的电导率较低,因此若能进一步通过掺杂提高 PPY 的电导率,PPY 有望成为性能优异的热电材料。

Maddison 等[95]通过电化学聚合制备了 PPY 薄膜,通过调节掺杂剂的含量,薄膜的电导率从 8 S/cm 提高到了 26 S/cm。与大多数导电聚合物类似,所制备的 PPY 薄膜 Seebeck 系数随着电导率的增加而减小。Seebeck 系数在 200 K 时约为 5 μV/K,且随着温度的变化并不明显,这与 Yan 等[96]的研究结果是一致的。

Sato 等[97]制备了六氟磷酸盐(PF_6^-)掺杂的 PPY 薄膜。当温度从 0 K 增加到 20 K 时,电导率随着温度的增加而缓慢地降低。但是,当温度从 20 K 增大到室温时,电导率显著增大,达到了 400 S/cm。这一研究结果与 Lee 等[98]报道的通过电化学方法制备的 PF_6^- 掺杂的 PPY 薄膜是一致的。

Hu 等[99]为了证实 PPY 具有热电效应,通过两种不同的方法分别制备了 PPY 包覆的织物,发现两种不同方法制备的 PPY 包覆的织物之间的 Seebeck 系数为 10 μV/K。他们也观察到了制冷现象,但是,制冷现象不太稳定,其主要原因是聚合物的分解退化造成的。

虽然 PPY 具有比 PA 好的热稳定性,但是由于其较低的电导率,因此限制了其作为热电材料的应用。到目前为止,未见 PPY-无机纳米结构复合热电材料的文献报道。

1.4.4.3 聚咔唑

由于分子结构骨架中的 N 原子比骨架中的其他原子更容易氧化(结果对电子产生了限域效应),因此掺杂的聚咔唑和聚吲哚并咔唑具有很高的 Seebeck 系数,但是这种效应同时也影响了聚合物的电导率。[100]因此,控制聚合物的氧化程度,使聚合物中既保持电子限域效应同时又有足够大的电子迁移率是至关重要的[36]。

Levesque 等[38]制备了分子结构中的咔唑单元上含有易弯曲侧链的 Poly(N-octyl-3,6-dihexyl-2,7-carbazolenevinylene)(PCVH),然而 PCVH 电导率很低,并且聚合物的稳定性较差,不适合做热电材料。为了提高此类聚合物的热电性能,Levesque 等[36]合成了分子结构骨架中 N 原子上具有烷基侧链和苯(甲)酰侧链的聚吲哚并咔唑衍生物。当使用 $FeCl_3$ 掺杂后,在室温时的 Seebeck 系数为 290 $\mu V/K$,但是电导率仍然很低。

由于聚(1,12-二(咔唑基)十二烷)(P(2Cz-D)具有良好的机械性能,噻吩[3,2-b]并噻吩(TT)具有高的电导率,因此,Yue 等[101]制备了 P(2Cz-D-co-TT)共聚物。虽然 P(2Cz-D-co-TT)共聚物的功率因子[0.33 $\mu W/(m \cdot K^2)$]比单纯的 PTT[0.23 $\mu W/(m \cdot K^2)$]略有提高,但是其电导率只有 0.1~0.3 S/cm。所以,提高电导率是提高此类聚合物热电性能的关键所在。

令人振奋的是,2009 年 Aich 等[102]合成了一系列的聚 2,7-咔唑衍生物,由于在分子结构中的咔唑单元上和聚合物主链上引入了苯和苯并噻二唑侧链,通过掺杂后薄膜的电导率大幅度提高,达到了 500 S/cm,Seebeck 系数高达 70 $\mu V/K$,最大功率因子达到了 19 $\mu W/(m \cdot K^2)$。并且此类衍生物在空气中具有良好的稳定性,因此很适合做热电材料。

除了上述导电聚合物以外,还有一些导电聚合物适合做热电材料,如聚对苯[103,104]、聚对苯乙炔[88]、四硫富瓦烯-四氰基对苯醌二甲烷(TTF-TCNQ)[105-109]、聚(2,5-二甲氧基对苯乙炔)(PMeOPV)和它的一系列共聚物包含未被取代的和 2,5-二烷氧基取代的对苯乙炔 P(ROPV-co-PV);RO=MeO(甲氧基)、EtO(乙氧基)和 BuO(丁氧基)[110, 111]。其中碘掺杂的 PMeOPV 薄膜具有相对较高的 Seebeck 系数 (39.1 μV/K)和电导率(46.3 S/cm),功率因子达到了 7.1 μW/(m·K^2)。碘掺杂的 P(ROPV-co-PV)薄膜也具有相对较高的 Seebeck 系数 (40.8~49.4 μV/K),但是电导率较低(1.0~2.9 S/cm)。碘掺杂的 P(ROPV-co-PV)薄膜经过拉伸后发现,P(MeOPV-co-PV)和 P(EtOPV-co-PV)薄膜的电导率随着拉伸倍数的增大(从 1 增大到 5)而显著增大(从 1 S/cm 增加到 350 S/cm),同时,Seebeck 系数基本保持不变(25~50 μV/K)。其主要原因是拉伸过程中,薄膜中的载流子迁移率增大造成的。而碘掺杂的 P(BuOPV-co-PV)薄膜拉伸后发现,Seebeck 系数和电导率的变化趋势恰恰相反,这主要是因为拉伸过程中,薄膜中的载流子浓度发生改变造成的。估计了碘掺杂的 P(EtOPV-co-PV)薄膜沿着拉伸方向的热导率为 0.25 W/(m·K),并计算出了当拉伸倍数为 3.1 倍时,薄膜的 ZT 值在 313 K 时约为 0.1。

TTF-TCNQ (TTF 为四硫富瓦烯,TCNQ 为四氰基对苯醌二甲烷)分子结构如图 1-10 所示,是一种具有金属性质的有机电荷转移复合物,也是第一个显示具有导电性的有机化合物。[112]

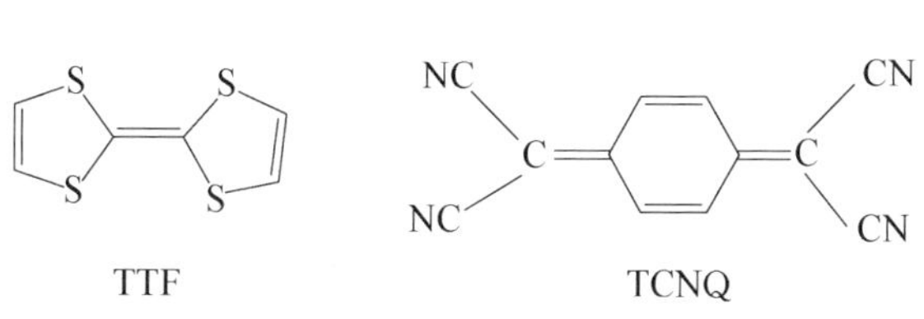

图 1-10 TTF 和 TCNQ 的分子结构

由于 TTF-TCNQ 具有各向异性[113],因此,电导率沿着 b-轴方向明显比沿着 a-轴和 c-轴方向高很多[114],沿着 a-轴和 b-轴的 Seebeck 系数分别为正值和负值[113]。室温下,其热导率大概为 1 W/(m·K)。由于生长大的 TTF–TCNQ 单晶比较困难，并且其机械性能较差，因此，Tamayo 等[105]制备 TTF–TCNQ 薄膜，并测试了其热电性能，最大功率因子达到了 7.8×10^{-1} μW/(m·K^2)。

1.4.4.4 其他导电分子-无机纳米复合热电材料

除了 PANI-，PTH-，PEDOT：PSS-无机纳米复合热电材料以外，Yu 等[35]报道了聚乙酸乙烯酯-CNT 复合热电材料，随着 CNT 含量的增大，复合材料的电导率显著增大，但是 Seebeck 系数和热导率的变化不明显。当 CNT 含量为20 wt%时，复合材料的电导率为48 S/cm，热导率 0.34 W/(m·K)，室温时，ZT 值约为 0.006。图1-11是 CNT

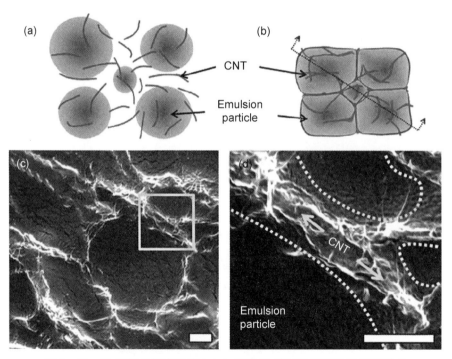

图 1-11　是 CNT 悬浮在乳液中(a)，干燥后 CNT 在乳液粒子表面形成三维网状结构(b)的示意图，图 1-11(c)为 CNT 含量为 5 wt%时，复合材料断面的 SEM 照片，图 1-11(d)是图(c)中方框区域的放大 SEM 照片[35]

悬浮在乳液中(a),干燥后 CNT 在乳液粒子表面形成三维网状结构(b)的示意图。图 1-11(c)为 CNT 含量为 5 wt%时,复合材料断面的 SEM 照片,图 1-11(d)所示是图 1-11(c)中方框区域的放大 SEM 照片。

通过上述总结,可以看出,使用碳材料如 CNT、石墨烯作为无机相,和导电聚合物进行复合,很有可能制备出性能优异的热电复合材料。

图 1-12 所示概括了从导电高分子被发现至今,导电高分子、导电高分子-无机纳米结构复合热电材料的 ZT 值与研究年份的关系。

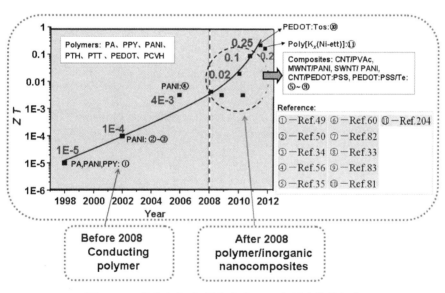

图 1-12 导电高分子、导电高分子-无机纳米结构复合热电材料的 ZT 值与研究年份的关系图

表 1-2 总结了典型的导电高分子、导电高分子-无机纳米结构复合材料最高的热电性能。表 1-3 总结了目前报道的所有的导电高分子、导电高分子-无机纳米结构复合材料的热电性能。

表1-2 典型导电高分子-无机纳米结构复合材料最高的热电性能

Materials	$\sigma/(S \cdot cm^{-1})$	$\alpha/(\mu V \cdot K^{-1})$	$\kappa/[W \cdot (m \cdot K)^{-1}]$, maximum $PF/[\mu W \cdot (m \cdot K^2)^{-1}]$ or ZT
PANI[32, 34, 40, 42, 43, 45, 46, 48-51]	$10^{-7} \sim 320$	$-16 \sim 225$	κ, $0.02 \sim 0.542$ ZT_{max}, 1.1×10^{-2} at 423 K
PANI-inorganic TE nanocomposites[33, 37, 54-62]	$0 \sim 140$	$-30 \sim 626$	κ, $0.25 \sim 1.2$
PTH[63, 66-68, 70]	$10^{-2} \sim 10^{3}$	$10 \sim 100$	κ, $0.028 \sim 0.17$ ZT_{max}, 2.9×10^{-2} at 250 K
PTH-inorganic TE nanocomposites[73, 115]	$7.1 \sim 8.3$	$-56 \sim 1283$	PF_{max}, 2.5×10^{-2}
PEDOT:PSS[75-80]	$0.06 \sim 945$	$8 \sim 888$	κ, 0.34 ZT_{max}, 1.0×10^{-2} at 300 K
PEDOT-Tos[81]	$6 \times 10^{-4} \sim 300$	$40 \sim 780$	κ, 0.37 ZT_{max}, 0.25 at RT
PEDOT:PSS-inorganic TE inorganic nanocomposites[71, 82-85]	$0 \sim 400$	$-125 \sim 167$	κ, $0.22 \sim 0.4$ ZT_{max}, 0.10 at RT
PPY[95, 96, 98, 99, 116-118]	$0 \sim 340$	$-1 \sim 40$	κ, 0.2 ZT_{max}, 3×10^{-2} at 423 K
PA[89, 90, 92-94, 119]	$1.53 \times 10^{-3} \sim 2.85 \times 10^{4}$	$-0.5 \sim 1077$	
PC[36, 38, 101, 102]	$4.0 \times 10^{-5} \sim 5 \times 10^{2}$	$4.9 \sim 600$	PF_{max}, 19
PMeOPV[110]	46.3	39.1	PF_{max}, 7.1
P(ROPV-co-PV) (RO=MeO, EtO and BuO[110, 111]	$183.5 \sim 354.6$	$21.3 \sim 47.3$	κ, $0.25 \sim 0.80$ (estimated) ZT_{max}, 9.87×10^{-2} at 313 K
Others polymer-inorganic TE nanocomposites (Polymer/Carbon nanotube with different contents of CNT[35])	$0 \sim 48$	$40 \sim 50$	κ, $0.18 \sim 0.34$ ZT_{max}, 0.006 at RT

表 1-3 目前报道的导电高分子、导电高分子-无机纳米结构复合材料的热电性能

Year and authors	Materials	$\sigma/(\text{S}\cdot\text{cm}^{-1})$	$\alpha/(\mu\text{V}\cdot\text{K}^{-1})$	$\kappa/[\text{W}\cdot(\text{m}\cdot\text{K})^{-1}]$, $PF/[\mu\text{W}\cdot(\text{m}\cdot\text{K}^2)^{-1}]$ and ZT value
Part A The TE properties of Polianiline (PANI) and PANI – inorganic TE nanocomposites				
1992 Wang et al.[46]	HCl-doped PANI with different stretching ratios	$10^{-5}\sim10^{1}$ (30 K~273 K)	$-7\sim64$ (30 K~300 K)	
1993 Yoon et al.[42, 43]	PANI films doped with CSA		$0\sim12$ (5 K~300 K)	
1997 Sixou et al.[45]	PANI films doped with CSA, aging at different times	$0.5\sim320$ (RT)	$1\sim7$ (RT)	
1998 Mateeva et al.[49]	PANI films stretched 2.5 times (parallel) and doped with oxalic acid	$10^{-3}\sim10^{0}$ (300 K)	$25\sim90$ (300 K)	
	PANI films stretched 2.5 times (parallel) and doped with citric acid	$10^{-4}\sim10^{-1}$ (300 K)	$10\sim25$ (300 K)	
2002 Yan et al.[50]	PANI films doped with various protonic acid	$10^{-4}\sim188$ (300 K)		κ, $0.02\sim0.25$ (300 K) ZT, $7\times10^{-5}\sim10^{-3}$ (300 K)
2002 Toshima et al.[34]	PANI films doped with CSA and been stretched			PF, $1\sim5$ (345 K~423 K) ZT, $10^{-3}\sim1.1\times10^{-2}$ (345 K~423 K)

续 表

Year and authors	Materials	$\sigma/(S \cdot cm^{-1})$	$\alpha/(\mu V \cdot K^{-1})$	$\kappa/[W \cdot (m \cdot K)^{-1}]$, $PF/[\mu W \cdot (m \cdot K^2)^{-1}]$ and ZT value
2003 Liu et al. [40]	PANI powder doped with HCl (prepared at 293 K)	0.88(303 K)	6.17(303 K)	κ, 0.542 (303 K) ZT, 1.87×10^{-6} (303 K)
	PANI powder doped with HCl (prepared at 273 K)	10.0(303 K)	1.28(303 K)	κ, 0.538(303 K) ZT, 9.18×10^{-7} (303 K)
	Emeraldine base PANI(prepared at 293 K) redoped with HCl	3.7(303 K)	177(303 K)	κ, 0.530(303 K) ZT, 6.63×10^{-3} (303 K)
	Emeraldine base PANI(prepared at 293 K) redoped with toluene-psulfonic acid	2.86(303 K)	17.96(303 K)	κ, 0.354(303 K) ZT, 7.90×10^{-5} (303 K)
2008 Yakuphanoglu et al. [48]	PANI doped with HCl	$10^{-7} \sim 10^{-5}$ (298 K~413 K)	$-16 \sim 93$ (303 K~416 K)	
2010 Li et al. [32]	PANI doped with HCl	$0 \sim 6$ (303 K~423 K)	$5 \sim 55$ (303 K~423 K)	κ, $0.276 \sim 0.34$(303 K~423 K) ZT, $0.1 \times 10^{-4} \sim 2.67 \times 10^{-4}$ (303 K~423 K)
2010 Sun et al. [51]	PANI nanotubes doped with β-Naphthalene sulfonic acid	7.7×10^{-3} (300 K)	$150 \sim 225$ (180 K~300 K)	κ, $0.17 \sim 0.22$(200 K~320 K) ZT, 4.86×10^{-5} (300 K)
1996 Wu et al. [54]	$(PANI)_x V_2O_5 \cdot nH_2O$	$10^{-4} \sim 10^{-1}$(RT)	$-30 \sim 200$(RT)	
2002 Zhao et al. [57]	PANI powders doped with $HClO_4$	$20 \sim 26$ (300 K~388 K)	$1 \sim 6$ (300 K~388 K)	

续 表

Year and authors	Materials	$\sigma/(S \cdot cm^{-1})$	$\alpha/(\mu V \cdot K^{-1})$	$\kappa/[W \cdot (m \cdot K)^{-1}]$, $PF/[\mu W \cdot (m \cdot K^2)^{-1}]$ and ZT value
2002 Zhao et al.	PANI/$Bi_{0.5}Sb_{1.5}Te_3$ composites with different contents of PANI	30~100 (300 K~388 K)	160~178 (300 K~388 K)	PF, 90~300(300 K~388 K)
2002 Liu et al. [37]	PANI/$NaFe_4P_{12}$ whisker composites	0.12~0.25 (293 K~473 K)	5~23 (313 K~473 K)	
	PANI/$NaFe_4P_{12}$ nanowire composites	0.04~0.14 (293 K~473 K)	15~28 (313 K~473 K)	
	PANI	0.10~0.20 (293 K~473 K)	17~26 (313 K~473 K)	
2006 Hostler et al. [56]	PANI/Bi nanocomposite films with different contents of 10 nm Bi particles	0~140(RT)	9~14(RT)	κ, 0.25~0.7(RT) ZT, 0.4×10^{-3}~1.3×10^{-3} (RT)
2009 Anno et al. [55]	PANI films doped with CSA	10^2 (50 K~300 K)	5~10 (100 K~300 K)	
	PANI/Bi nanocomposite films doped with CSA	10^{-2}~10^1 (RT~400 K)	12~54 (180 K~400 K)	
2010 Meng et al. [60]	PANI-coated CNT sheet with different contents of PANI	30~90(300 K)	12~28(300 K)	κ, 0.39~0.5(300 K) PF, 0.5~5(300 K)
2010 Yao et al. [33]	PANI/SWNT composites with different contents of SWNT	10~125(RT)	11~40(RT)	κ, 0.5~1(RT) PF, 0~20(RT) ZT, 0.004(RT)

续 表

Year and authors	Materials	$\sigma/(S \cdot cm^{-1})$	$\alpha/(\mu V \cdot K^{-1})$	$\kappa/[W \cdot (m \cdot K)^{-1}]$, $PF/[\mu W \cdot (m \cdot K^2)^{-1}]$ and ZT value
2010 Toshima et al.[59]	PANI/Bi_2Te_3 composite films prepared by physical mixture method	60(350 K)	110(350 K)	PF, 5.1(350 K) ZT, 0.18(350 K)(estimated)
	PANI/Bi_2Te_3 composite films prepared by solution mixture method	2(350 K)	130(350 K)	PF, 2.6(350 K) ZT, 0.009(350 K)(estimated)
2011 Our group[61]	PANI/PbTe composite nanopowders	0.019~0.022 (293 K~373 K)	626~578 (293 K~373 K)	PF, 0.713~0.757 (293 K~373 K)
2011 Wang et al.[62]	$HClO_4^-$ doped PANI/graphite composites with different contents of graphite	1.23~120 (303 K~393 K)	−0.82~18.66 (303 K~393 K)	κ, 0.29~1.2(273 K~323 K) ZT_{max}, 1.37×10^{-3} (393 K)
2011 Li et al.[58]	PANI/Bi_2Te_3 composite tablets	2 (300 K~473 K)	−50 (300 K~473 K)	

Part B The TE properties of Polythiophene (PTH) and PTH-inorganic TE nanocomposites

Year and authors	Materials	$\sigma/(S \cdot cm^{-1})$	$\alpha/(\mu V \cdot K^{-1})$	$\kappa/[W \cdot (m \cdot K)^{-1}]$, $PF/[\mu W \cdot (m \cdot K^2)^{-1}]$ and ZT value
2005 Gao et al.[63]	PTH	$10^2 \sim 10^3$ Doped with PF_6^-	22 Doped with $FeCl_3$	
2008 Y. Shinohara et al.[67]	PTH films synthesized by electrolytic polymerization	$10^{-2} \sim 10^2$ (RT)	$10^1 \sim 10^2$ (RT)	

续 表

Year and authors	Materials	$\sigma/(\text{S} \cdot \text{cm}^{-1})$	$\alpha/(\mu\text{V} \cdot \text{K}^{-1})$	$\kappa/[\text{W} \cdot (\text{m} \cdot \text{K})^{-1}]$, $PF/[\mu\text{W} \cdot (\text{m} \cdot \text{K}^2)^{-1}]$ and ZT value
2009 Hiraishi et al.[66]	PTH films were synthesized by electrolytic polymerization	201(RT)	23(RT)	The authors assumed the κ is 0.1 PF, 10.3(RT)
2010 Lu et al.[70]	PTH films prepared by electrochemical polymerization	15~47 (100 K~320 K)	28~44 (100 K~320 K)	κ, 0.028~0.17(100 K~320 K) ZT, 0.4×10^{-2}~2.9×10^{-2} (100 K~320 K)
	Poly(3 - methylthiophene) (PMeT) films prepared by electrochemical polymerization	47~73 (100 K~320 K)	17~32 (100 K~320 K)	κ, 0.02~0.15(100 K~320 K) ZT, 0.8×10^{-2}~3.1×10^{-2} (100 K~320 K)
2010 Sun et al.[72]	P3HT blend with F$_4$TCNQ	1.75×10^{-4}~3.75×10^{-4}(RT)	400~580 (RT)	κ, 0.17~0.48 PF, 4.876×10^{-3}~6.053×10^{-3} ZT, 3.03×10^{-6}~1.06×10^{-5}(RT)
	P3HT blend with P3HTT and F$_4$TCNQ	2.0×10^{-5}~1.4×10^{-3}(RT)	200~700 (RT)	κ, 0.17~0.48 PF, 4.62×10^{-4}~7.58×10^{-3} ZT, 2.87×10^{-7}~2.03×10^{-5}(RT)
2011 Yue et al.[68]	Polythieno[3, 2 - b]thiophene (PTT) films synthesized by electrolytic polymerization	0.02~1.5 (100 K~306 K)	38~85 (140 K~306 K)	The authors estimated the ZT values of PTT films based on κ of PTH films k, 0.03~0.17(100 K~320 K) PF, 0.05~1.1(140 K~306 K) ZT, 0.01~2.3×10^{-3}(140 K~306 K)

续 表

Year and authors	Materials	$\sigma/(\text{S}\cdot\text{cm}^{-1})$	$\alpha/(\mu\text{V}\cdot\text{K}^{-1})$	$\kappa/[\text{W}\cdot(\text{m}\cdot\text{K})^{-1}]$, $PF/[\mu\text{W}\cdot(\text{m}\cdot\text{K}^2)^{-1}]$ and ZT value
2007 Pinter et al. [73]	Poly (3 – octylthiophene) (P3OT) tablet compressed from its powder		1 283	
2011 Du et al. [115]	PTH/Bi_2Te_3 TE bulk nanocomposites hot pressed at 623 K	7.1~8.3 (298 K~473 K)	−56~−46 (298 K~473 K)	$\alpha^2\sigma$, 1.7×10^{-2}~2.5×10^{-2} (298 K~473 K)

Part C The TE properties of PEDOT : PSS and PEDOT : PSS – inorganic TE nanocomposites

Year and authors	Materials	$\sigma/(\text{S}\cdot\text{cm}^{-1})$	$\alpha/(\mu\text{V}\cdot\text{K}^{-1})$	$\kappa/[\text{W}\cdot(\text{m}\cdot\text{K})^{-1}]$, $PF/[\mu\text{W}\cdot(\text{m}\cdot\text{K}^2)^{-1}]$ and ZT value
2008 Jiang et al. [76]	PEDOT : PSS pellets	4~8 (150 K~300 K)	11~15 (150 K~300 K)	ZT, 4×10^{-4}~1.75×10^{-3} (150 K~300 K)
	PEDOT : PSS pellets (doped with DMSO)	18~47 (150 K~300 K)	8~15 (150 K~300 K)	ZT, 4×10^{-4}~1.75×10^{-3} (150 K~300 K)
	PEDOT : PSS pellets (doped with ethylene glycol)	28~55 (150 K~300 K)	8~13 (150 K~300 K)	ZT, 6×10^{-4}~1.75×10^{-3} (150 K~300 K)
2009 Chang et al. [75]	PEDOT : PSS films (doped with DMSO)	0.06~224	13~888	PF, 0.04~4.78
2010 Scholdt et al. [77]	PEDOT : PSS(commercial product, Clevios PH750) films (doped with DMSO)	570(RT)	13.5(RT)	κ, 0.34(RT) PF, 10.4(RT) ZT, 9.2×10^{-3}(RT)

续表

Year and authors	Materials	σ/(S·cm^{-1})	α/(μV·K^{-1})	κ/[W·(m·K)$^{-1}$], PF/[μW·(m·K^2)$^{-1}$] and ZT value
2011 Kong et al.[79]	PEDOT:PSS films (doped with urea)	2~63.13 (100 K~300 K)	5~20.7 (100 K~300 K)	PF, 0~2.71 (100 K~300 K)
2011 Liu et al.[78]	PEDOT:PSS films (doped with EG)	150~240 (100 K~300 K)	4~13 (200 K~300 K)	ZT, 1×10^{-3}~7×10^{-3} (200 K~300 K)
	PEDOT:PSS films (doped with DMSO)	180~298 (100 K~300 K)	7~14 (200 K~300 K)	ZT, 5×10^{-3}~1×10^{-2} (200 K~300 K)
2011 Taggart et al.[80]	PEDOT nanowires	6.9~40.5 (310 K)	−122~35 (310 K)	PF, 1.2~12 (310 K)
	PEDOT films	3.2~18.3 (310 K)	−57~34 (310 K)	PF, 0.63~4.4 (310 K)
2011 Bubnova et al.[81]	PEDOT-Tos films	6×10^{-4}~300 (RT)	40~780 (RT)	κ, 0.37; ZT, 0~0.25 (RT)
2010 Kim et al.[82]	PEDOT:PSS/SWCNT	280~400 (RT)	21~25 (RT)	The authors estimated κ is 0.4 W/(m·K); PF, 14~25 (RT); ZT, 0.02 (RT) (35 wt% SWCNT and 35 wt% PEDOT:PSS)
	PEDOT:PSS/CNT	0~124 (RT)	17~40 μV/K (RT)	κ, 0.26~0.38 (RT); PF, 1~11 (RT)

续 表

Year and authors	Materials	σ/(S·cm^{-1})	α/(μV·K^{-1})	κ/[W·(m·K)$^{-1}$], PF/[μW·(m·K^2)$^{-1}$] and ZT value
2010 Zhang et al.[71]	PEDOT:PSS(Clevios PH1000) doped with different contents of DMSO	0~945	20~50	PF, 0~47
	PEDOT:PSS(Clevios PH1000)/Bi$_2$Te$_3$ with different volume fractions of Clevios PH100(for P type Bi$_2$Te$_3$ with HCl rinsing)	60~150	60~150	PF, 60~131
	PEDOT:PSS(Clevios PH1000)/Bi$_2$Te$_3$ with different volume fractions of Clevios PH100(for N type Bi$_2$Te$_3$ with HCl rinsing)	55~250	−125~0	PF, 0~80
2010 See et al.[83]	PEDOT:PSS/Te films	19.3(±2.3) (RT)	163(±4) (RT)	PF, 70.9(RT) κ, 0.22~0.30(RT) ZT, 0.10(RT)
2011 Liu et al.[84]	PEDOT:PSS/Ca$_3$Co$_4$O$_9$ (with different contents of Ca$_3$Co$_4$O$_9$)	50~135 (100 K~300 K)	1~18 (100 K~300 K)	PF, 0.1~4(100 K~300 K)
2011 Wang et al.[85]	PEDOT/PbTe (with different contents of PbTe)	0.064~0.616 (RT)	1 205~4 088 (RT)	PF, 1.07~1.44(RT)

续 表

Part E The TE properties of the others polymer and polymr-inorganic nanocomposites

Year and authors	Materials	$\sigma/(S \cdot cm^{-1})$	$\alpha/(\mu V \cdot K^{-1})$	$\kappa/[W \cdot (m \cdot K)^{-1}]$, $PF/[\mu W \cdot (m \cdot K^2)^{-1}]$ and ZT value
1989 Park et al.[89]	$FeCl_3$-doped PA(6.6%)	28 500(RT)	18.4(RT)	
	$MoCl_5$-doped PA(5.2%)	6 100(RT)	13.5(RT)	
	$NbCl_5$-doped PA(7.0%)	375(RT)	17.3(RT)	
	$ZrCl_4$-doped PA(1.2%)	4.3(RT)	28.7(RT)	
	WCl_6-doped PA(1.1%)	4.3(RT)	46.2(RT)	
	$TaCl_5$-doped PA(1.0%)	0.06(RT)	84.9(RT)	
1991 Yoon et al.[94]	PA films(doped with $MoCl_5$)	$1.53 \times 10^{-3} \sim 9\,580$(RT)	11.4~1 077 (RT)	
1993 Kaneko et al.[90]	PA films(doped with iodine and aging with different times)	$10^{-1} \sim 10^4$ (4.2 K~300 K)	1~18 (4.2 K~300 K)	
1994 Pukacki et al.[92]	Stretched PA samples (doped with iodine and ferric chloride)	5 250~10 200 (300 K) parallel 92~223(300 K) perpendicular	1~22 (4.2 K~300 K)	
1995 Park et al.[93]	PA(doped with K)	1 674~3 720 (50 K~300 K)	0.5~8.5 (20 K~300 K)	

续 表

Year and authors	Materials	$\sigma/(S \cdot cm^{-1})$	$\alpha/(\mu V \cdot K^{-1})$	$\kappa/[W \cdot (m \cdot K)^{-1}]$, $PF/[\mu W \cdot (m \cdot K^2)^{-1}]$ and ZT value
1999 Choi et al.[119]	PA films (doped with $AuCl_3$)	$10^3 \sim 10^4$ (1.5 K~300 K)	$-0.5 \sim 10$ (5 K~120 K)	
1988 Maddison et al.[95]	PPY films prepared by electrochemical polymerization (doped with p-toluenesulphonate anion (PPpTS))	26(300 K)	6(300 K)	
1989 Maddison et al.[116]	PPY films prepared by electrochemical polymerization (doped with (PPpTS))	$0 \sim 53$ (100 K~290 K)	$1 \sim 40$ (100 K~290 K)	
1997 Lee et al.[98]	PPY films prepared by electrochemical polymerization (doped with hexafluorophosphate(PF_6))	$85 \sim 153$ (0 K~300 K)	$0.2 \sim 7.14$ (0 K~300 K)	
1999 Kemp et al.[117]	PPY samples prepared by different methods	$0.01 \sim 340$ (4.2 K~300 K)	$-1 \sim 16$ (4.2 K~300 K)	
2001 Yan et al.[96]	PPY films prepared by electrochemical polymerization (doped with PPpTS)	$55 \sim 175$ (300 K)		κ, 0.2(300 K) PF, 2(300 K) ZT, $1.8 \times 10^{-2} \sim 3 \times 10^{-2}$ (300 K~423 K)

续表

Year and authors	Materials	$\sigma/(\mathrm{S}\cdot\mathrm{cm}^{-1})$	$\alpha/(\mu\mathrm{V}\cdot\mathrm{K}^{-1})$	$\kappa/[\mathrm{W}\cdot(\mathrm{m}\cdot\mathrm{K})^{-1}]$, $PF/[\mu\mathrm{W}\cdot(\mathrm{m}\cdot\mathrm{K}^2)^{-1}]$ and ZT value
2005 Hu et al.[99]	PPY powder prepared by oxidative polymerization	100(RT)	10 μV/K (fibres coated with PPY (RT))	
2006 Kemp et al.[118]	PF$_6$ doped PPY films prepared at different temperatures (after exposure to ammonia)	0~200 (4.2 K~300 K)	0~12 (4.2 K~300 K)	
2005 Levesque et al.[38]	poly(N-octyl-3,6-dihexyl-2,7-carbazole nevinylene) (PCVH) films doped with FeCl$_3$		200~600(RT)	PF, 5×10^{-3}~7.5×10^{-2}(RT)
	poly(3-decylthiophene-2,5-diyl) films doped with FeCl$_3$		10~150(RT)	PF, 5×10^{-2}~1.4(RT)
	Poly[(3,6-dihexyl)2,7-carbazole] derivatives pellet doped with FeCl$_3$	4.5×10^{-3}(RT)	55(RT)	PF, 1.4×10^{-3}(RT)
2007 Levesque et al.[36]	Poly(2,7-N-hexylbenzoyl) carbazole derivatives pellet doped with FeCl$_3$	1.2×10^{-2}~0.29(RT)	61~71(RT)	PF, 4.6×10^{-3}~1.5×10^{-1}(RT)
	Polyindolocarbazole derivatives pellet doped with FeCl$_3$	2.7×10^{-4}~0.29(RT)	4.9~290(RT)	PF, 1.0×10^{-4}~1.2×10^{-1}(RT)

续表

Year and authors	Materials	$\sigma/(S\cdot cm^{-1})$	$\alpha/(\mu V\cdot K^{-1})$	$\kappa/[W\cdot(m\cdot K)^{-1}]$, $PF/[\mu W\cdot(m\cdot K^2)^{-1}]$ and ZT value
2009 Aich et al.[102]	poly[N-9′-heptadecanyl-2,7-carbazole-alt-5,5′-(4′,7′-di-2-thienyl-2′,1′,3′-benzothiadiazole](PCDTBT) films doped with FeCl$_3$	0~500	15~75	PF, 4~19
2011 Yue et al.[101]	Poly(1,12-bis(carbazolyl) dodecane-co-t hieno[3,2-b] thiophene) films synthesized with the different ratios of TT/2Cz-D	4.0×10^{-5}~0.26 (200 K~RT)	66~169 (200 K~RT)	PF, 0.02~0.33(200 K~RT)
2006 Hiroshige et al.[110]	PMeOPV films doped with iodine	46.3	39.1	PF, 7.1(313 K)
2007 Hiroshige et al.[110, 111]	P(MeOPV-co-PV) films doped with iodine (stretching ratio 4.4)	183.5	43.5	κ, 0.8(estimated) ZT, 1.36×10^{-2}(313 K)
	P(EtOPV-co-PV) films doped with iodine (stretching ratio 3.1)	349.2	47.3	κ, 0.25(estimated) ZT, 9.87×10^{-2}(313 K)
	P(BuOPV-co-PV) films doped with iodine (stretching ratio 4.4)	354.6	21.3	κ, 0.75(estimated) ZT, 0.67×10^{-2}(313 K)
2008 Yu et al.[35]	Polymer/Carbon nanotube with different contents of CNT	0~48 (300 K)	40~50 (300 K)	κ, 0.18~0.34(300 K) ZT, 0.006(RT)

第1章 绪 论

1.5 导电高分子-无机纳米结构复合热电材料的发展方向

经过30多年的发展,导电聚合物已经完成了从绝缘体到半导体,然后再到导体的复杂变化过程,它是目前所有物质中能够实现这种形态变化跨度最大的,也正是由于这些特性使得导电聚合物具有十分广阔的应用前景。但导电聚合物如果要实现实用化,其本身仍然存在着许多迫切需要解决的问题。因此,作为导电聚合物-无机纳米结构复合热电材料就存在更多需要突破的关键技术问题。

到目前为止,由于掺杂后PANI具有相对较高的电导率和较好的热稳定性,且容易合成和加工,因此PANI是研究最多的有机聚合物热电材料。PEDOT:PSS同样由于较高的电导率和较好的热稳定性,也受到了越来越多的关注。PTH由于电导率较低,且不溶于水及大多数有机溶剂,加热时直至分解仍不熔融,因此,作为热电材料研究的较少。关于PA,虽然研究人员做了大量的理论和实验工作,但是由于其热稳定性太差,限制了其作为热电材料的应用。PPY的热稳定比PA好,但是,其电导率较低,作为热电材料研究的也较少。另一类比较有希望作为热电材料的导电聚合物是PC及其衍生物,这类导电聚合物具有相对较高的电导率、Seebeck系数和较好的热稳定性。

为了提高导电聚合物的热电性能,其关键在于提高导电聚合物的结晶程度、控制其分子结构和形貌、选择合适的掺杂剂、优化掺杂剂的用量、设计导电聚合物的电子结构,使其具有合适的态密度和费米能级。另外还要提高导电聚合物的热稳定性、加工性能和力学性能等。

材料的ZT值随着材料维度的降低而增加,并且一维纳米结构在相对低的阈值条件下就能形成网状结构。因此可以选择一维的纳米结构，如纳米线、纳米管和纳米带来制备导电聚合物-无机纳米结构复合热电材料。同时，在这些无机纳米结构表面包覆导电聚合物可以增强复合材料的能量过滤效应，从而提高复合材料中载流子的迁移率，达到同时提高复合材料电导率和Seebeck系数的目的。

当使用一维无机纳米结构作为填充相时，其在导电聚合物基体中的均匀分散程度，以及与聚合物基体之间界面结合的情况对复合材料热电性能具有显著的影响。复合材料界面是复合材料极为重要的微观结构，界面的性质直接影响着复合材料的各项性能，为了减少两相之间的界面电阻，必须防止在制备复合材料过程中无机纳米结构的氧化。所以，选择制备方法很关键，原位界面聚合似乎是一种好的选择，因为通过这种方法，无机纳米结构可以均匀地分散在聚合物基体中，同时可以防止无机纳米结构氧化。

由于无机热电纳米结构具有远高于导电聚合物的热电性能，因此应该尽可能地提高无机纳米结构在复合材料中的含量。

通过理论计算和计算机模拟可以帮助选择合适的导电聚合物和无机纳米结构，并且优化有机相和无机相的比例，从而获得优异的热电性能。因此应加强热电材料理论计算和计算机模拟方面的研究。

导电聚合物-无机纳米结构复合薄膜可以通过旋涂、浇注等简单工艺制备，应用起来也很方便。但是，如何测试复合薄膜的热电性能，尤其是垂直于薄膜方向的电导率和Seebeck系数，以及平行于薄膜方向的热导率非常关键。所以有必要开发适当的测试方法和测试设备。

最后，需要深思的是导电聚合物-无机纳米结构复合材料两相界面区域是通过何种方式结合的，是否存在化学键的问题。

第 2 章

聚噻吩-Bi_2Te_3以及Bi_2Te_3-Bi_2Se_3复合块体材料及其热电性能

2.1 概 述

  Bi_2Te_3及其合金是目前在室温附近性能最优越的商用热电材料,也是研究最早、最为成熟的热电材料之一。近年来,许多科研工作者通过将Bi_2Te_3基热电材料纳米化,从而大幅度降低了材料的热导率,提高了热电性能。[12, 21, 22, 26]与Bi_2Te_3及其合金相比,导电聚合物具有非常低的热导率,如:Bi_2Te_3单晶的热导率约为 2.8 W/(m·K)[120],而 PANI 和 PTH 的热导率分别为 0.02～0.542 W/(m·K)[32, 40, 50, 51]和 0.028～0.17 W/(m·K)[70]。另外,导电聚合物具有质轻、价廉、容易合成和加工成型等优点。[33]因此,若能通过适当的方法制备Bi_2Te_3及其合金-导电聚合物复合热电材料,将有可能发挥Bi_2Te_3及其合金(高电导率和高 Seebeck 系数)和导电聚合物(低热导率)各自的优点,甚至产生协同效应,从而提高复合材料的热电性能。

  到目前为止,制备Bi_2Te_3及其合金-导电聚合物复合热电材料大多采用的是传统的制备方法,如:Zhao 等[57]通过机械共混法制备了

PANI-$Bi_{0.5}Sb_{1.5}Te_3$复合热电材料,并在 1 GPa 的压力下冷压成块体材料。Toshima 等[59]通过物理混合与溶液混合的方法制备了 PANI/Bi_2Te_3复合薄膜。Li 等[58]通过机械混合的方法制备了 PANI/Bi_2Te_3复合材料。然而采用这些传统方法所制备的 Bi_2Te_3 及其合金-导电聚合物复合材料[57-59]的电导率均较低,最终导致复合材料的电导率与热导率的比值以及 ZT 值仍然较低。

一般来说,通过原位聚合法所制备的导电聚合物-无机纳米结构复合材料中,无机纳米结构在聚合物基体中的分散效果可能会更好。但是若使用原位聚合法来制备 PTH/Bi_2Te_3 复合材料时,必须使用氧化剂(如 $FeCl_3$)氧化噻吩单体使其聚合成 PTH,但在这过程中 Bi_2Te_3 纳米结构也很容易被氧化。为防止 Bi_2Te_3 的氧化,本章中采用两步法制备 Bi_2Te_3/PTH 复合热电材料。具体工艺是:① 分别通过水热法和化学氧化法制备 Bi_2Te_3 和 PTH 纳米粉末;② 将所合成的 Bi_2Te_3 和 PTH 纳米粉末混合(50:50 wt)研磨后,在 80 MPa 压力和不同温度条件下热压烧结。最后讨论了热压温度对 Bi_2Te_3/PTH 复合块体材料物相、形貌和电输运性能的影响。

本章中,我们同时采用水热法制备 Bi_2Te_3 和 Bi_2Se_3 纳米粉体,混合(按照名义组成 $Bi_2Te_{2.85}Se_{0.15}$)研磨后热压成块体。研究了热压温度对 Bi_2Se_3/Bi_2Te_3 块体材料物相、形貌以及热电性能的影响。

2.2 Bi_2Te_3/Bi_2Se_3复合热电材料的制备及其热电性能

2.2.1 原材料

实验中所用到的有关试剂及其纯度和来源如表 2-1 所示。

第 2 章　聚噻吩-Bi_2Te_3以及Bi_2Te_3-Bi_2Se_3复合块体材料及其热电性能

表 2-1　实验中所用到的原材料

化学试剂名称	化学分子式	来　　源	备注
硝酸铋	$Bi(NO_3)_3 \cdot 5H_2O$	国药集团化学试剂有限公司	分析纯
酒石酸钠 [L-(+)-酒石酸钠]	$C_4H_4Na_2O_6 \cdot 2H_2O$	国药集团化学试剂有限公司	分析纯
二氧化碲	TeO_2	国药集团化学试剂有限公司	分析纯
二氧化硒	SeO_2	国药集团化学试剂有限公司	≥99.0%
氢氧化钾	KOH	国药集团化学试剂有限公司	分析纯
无水乙醇	C_2H_5OH	国药集团化学试剂有限公司	分析纯
硼氢化钾	KBH_4	国药集团化学试剂有限公司	≥95%

2.2.2　样品的制备

Bi_2Te_3 纳米粉末的制备：将 80 mL 去离子水加入到总体积为 100 mL 的反应釜内胆中，然后依次加入适量 $Bi(NO_3)_3 \cdot 5H_2O$，TeO_2，$C_4H_4Na_2O_6 \cdot 2H_2O$，$KOH$，$KBH_4$，搅拌 30 min 后，将反应釜内胆装入反应釜中并密封反应釜，放置于 180℃ 的炉子中保温反应 24 h 后，自然冷却至室温，然后离心，并用去离子水和乙醇多次洗涤至中性，最后放置于 60℃ 真空烘箱中保温 6 h 后得到黑色产物。

Bi_2Se_3 纳米粉末的制备：将 80 mL 去离子水加入到总体积为 100 mL 的反应釜内胆中，然后依次加入适量 $Bi(NO_3)_3 \cdot 5H_2O$，SeO_2，$C_4H_4Na_2O_6 \cdot 2H_2O$，$KOH$，$KBH_4$，搅拌 30 min 后，将反应釜内胆装入反应釜中并密封反应釜，放置于 180℃ 的炉子中保温反应 24 h 后，自然冷却至室温，然后离心，并用去离子水和乙醇多次洗涤至中性，最后放置于 60℃ 真空烘箱中保温 6 h 后得到黑色产物。

Bi_2Se_3/Bi_2Te_3 复合块体材料的制备：将所制备的 Bi_2Se_3 和 Bi_2Te_3 纳米粉体按照名义组成为 $Bi_2Te_{2.85}Se_{0.15}$ 进行混合，研磨 1 h 后装入直

径为10 mm的石墨模具(实验中为脱模方便,需要首先将少量氮化硼纳米粉末均匀涂在垫片表面),然后将装有样品的石墨磨具放入真空热压炉中进行热压烧结。热压时,升温速率为10℃/min,热压温度为250℃~400℃(523 K~673 K),压力为50 MPa或者80 MPa,保温时间60 min,随炉冷却。

典型的真空热压工艺图如图2-1所示。

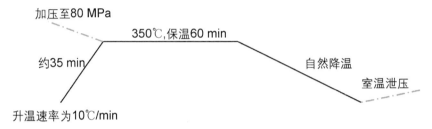

图2-1 真空热压工艺图(其中热压工艺条件为:压力80 MPa、温度350℃、保温时间60 min、升温速率10℃/min)

2.2.3 样品表征和性能测试方法

2.2.3.1 X射线衍射(XRD)分析

使用德国Bruker公司生产的D8 Advanced X射线衍射仪(XRD,CuKα射线,$\lambda = 1.54056$ Å)对所制备材料的相结构进行分析。扫描电流为40 mA,电压为40 kV,接受狭缝为0.3 mm,扫描速度为6°/min。本章主要用20°~80°的衍射峰来确定材料的物相。

2.2.3.2 扫描电镜(FESEM)-能谱(EDS)测试分析

采用Quanta 200 FEG型场发射扫描电子显微镜(FESEM)观察样品的形貌及显微结构,并利用仪器自身所带X射线能谱仪对样品的元素组成进行分析。

2.2.3.3 透射电镜(TEM)-微区电子衍射(SAED)测试分析

将所制备的纳米结构在无水乙醇中超声分散 30 min 后,滴于铜网上,然后使用 Hitachi H-800 型透射电镜观测样品的尺寸、形貌、结构等相关特征并通过选区电子衍射分析其晶体结构。

2.2.3.4 Hall 效应测试

Hall 效应(图 2-2)是指在固体导体上外加与电流方向垂直的磁场,导体中的载流子(空穴和电子)就会因为受到不同方向的洛伦兹力而在不同方向上进行聚集,在聚集起来的空穴与电子之间就会产生电动势。产生的电动势就是 Hall 电动势。通过 Hall 效应实验测定的 Hall 系数,可以判断半导体材料的载流子浓度、载流子迁移率及导电类型等重要参数。

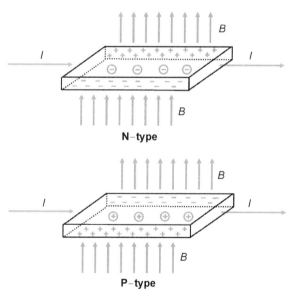

图 2-2 Hall 效应原理示意图

Hall 效应的本质是带电粒子在磁场中运动时受到洛伦兹力的结果。将半导体薄片置于磁感应强度为 B 的磁场中,磁场方向与半导体

薄片垂直。若半导体薄片中载流子分别为电子和空穴时,则其 Hall 系数分别按照式(2-1)和式(2-2)计算:

$$R_e = -\frac{1}{ne} \tag{2-1}$$

$$R_h = \frac{1}{pe} \tag{2-2}$$

式中,n,p 分别是自由电子和空穴的浓度;e 是电子电量。

由于 N 型和 P 型半导体的 Hall 电场方向是相反的,所以,它们的 Hall 系数的符号也是相反的。

在实验过程中,若样品厚度为 d,电流为 I,则可以通过测试 Hall 电压 V_H,然后按照式(2-3)计算 Hall 系数:

$$R_H = \frac{dV_H}{IB} \tag{2-3}$$

本书中,所有样品的室温 Hall 系数测试都是在 Ecopia 公司的 HMS-3000 Hall 测试系统上完成的。测试时使用的样品形状为圆柱状,直径约 10 mm,高 1~2 mm。测试时输入的电流为 0~20 mA,磁感应强度为 0.55 T。

2.2.3.5 电导率及 Seebeck 系数测试

首先将所制备的块体样品切割并打磨成约为 8 mm×2 mm×2 mm 的长方体,接着对样品进一步打磨直至表面光滑,然后在样品中部用银浆分别连出两根铂丝,放置于真空干燥箱中于 150 ℃干燥 60 min,最后将连接有铂丝的样品放入如图 2-3 所示的自制升温电导率及 Seebeck 测试系统中进行测试。本章中块体样品的电导率和 Seebeck 系数随温度变化关系的测试过程都是在氩气气氛保护下完成的。

第 2 章 聚噻吩-Bi_2Te_3 以及 Bi_2Te_3-Bi_2Se_3 复合块体材料及其热电性能

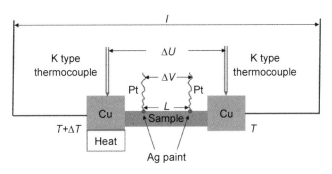

图 2-3 升温电导率及 Seebeck 测试系统装置示意图

如图 2-3 所示，将样品夹紧在两铜块中间，通过连接铜块的导线提供直流电源，采用静态直流四探针法测试所制备样品的电导率。若两个铂丝电极间的电压为 V，电极间距为 L，所提供的电流为 I，样品的横截面积为 S，则样品的电阻 R 和电导率 σ 可以分别按照式(2-4)和式(2-5)进行计算：

$$R = \frac{V}{I} \tag{2-4}$$

$$\sigma = \frac{1}{\rho} = \frac{L}{RS} \tag{2-5}$$

其中，ρ 为样品的电阻率。

整个测试过程中，通过测量某一温度下样品的电压和电流，测量 10 个不同的 I-V 值。利用 I-V 拟合所得直线的斜率就可以得到该温度下的电阻 R。

本章中所制备样品的 Seebeck 系数都是采用动态法进行测定的，根据 Seebeck 系数的定义可知，被测材料 a 与参考材料 b 之间的相对 Seebeck 系数 α_{ab} 可以按照式(2-6)进行计算：

$$\alpha_{ab} = \lim_{\Delta T \to 0} \frac{\Delta U}{\Delta T} \tag{2-6}$$

其中，$\alpha_{ab} = \alpha_a - \alpha_b$，它是两种材料的绝对 Seebeck 系数之差，单位是

μV/K。Seebeck 系数的测量实际上涉及温差 ΔT 和相对该温差条件下产生的热电动势 ΔU 的测量。

本书中,以 K 型热电偶指示温度,同时用 K 型热电偶的正极作为导线,测试热电势。测试过程中温差 ΔT 一般为 5 K～15 K。某一温度下 ΔU - ΔT 线性拟合得到的斜率 A 就是样品相对于参考材料 b 的 Seebeck 系数。样品的绝对 Seebeck 系数还需要减去参考材料 b 的影响,可以按照式(2-7)进行校正。

$$\alpha_a = 22.859 - 0.005\,077T - A \qquad (2-7)$$

其中,T 为测试时的温度,单位为 K。

样品 Seebeck 系数的测试误差<10%。

2.2.3.6 热导率测试

采用德国耐驰公司生产的(Netzsch,LFA-457)热导仪,在 Ar 气气氛保护条件下测试样品的热扩散系数 λ,测试方向为平行于热压时压力的方向,测试温度从 298 K 至 473 K。测试误差<5%。

采用德国耐驰公司生产的(Netzsch,DSC 404)型差示扫描量热仪在 Ar 气气氛保护条件下测试样品的热容 C_p,测试误差<10%。

采用阿基米德法测试样品室温时的密度 ρ。

分别测试完样品的 λ,C_p 和 ρ 以后,按照式(2-8)计算样品的热导率:

$$\kappa = \lambda C_p \cdot \rho \qquad (2-8)$$

2.2.4 结构及形貌表征

图 2-4 所示为水热法合成的 Bi_2Te_3 和 Bi_2Se_3 粉末的 TEM 照片。

由图 2-4(a)可以看出所合成的 Bi_2Te_3 主要有两种形貌：纳米棒和纳米片。纳米棒的直径约为 40 nm，长度为 100~200 nm。而 Bi_2Se_3 的形貌比较单一，主要由纳米颗粒组成，其直径为 20~30 nm[图 2-4 (b)]。

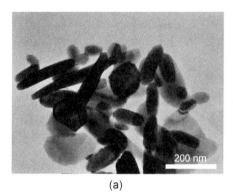 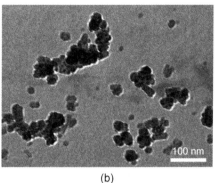

图 2-4　水热法合成的 Bi_2Te_3 粉末(a)和 Bi_2Se_3 粉末(b)的 TEM 照片

表 2-2 为热压后块体样品的实际密度、相对密度以及孔隙率。其中，H573-80 指水热制备的 Bi_2Te_3 和 Bi_2Se_3 粉末按组成为 $Bi_2Te_{2.85}Se_{0.15}$ 的比例混合研磨，在压力 80 MPa，温度 573 K，保温时间 1 h 热压工艺条件下热压的块体样品。H 代表采用热压方法制备的块体材料，573 代表热压温度为 573 K，80 代表热压压力是 80 MPa，所有样品保温时间均为 1 h。

表 2-2　不同制备条件下热压后块体样品的密度及孔隙率的测试结果

样品名称	实际密度/(g·cm^{-3})	相对密度	孔隙率
H523-50	5.220	67.4%	32.6%
H523-80	5.601	72.4%	27.6%
H573-80	5.806	75.0%	25.0%
H598-80	6.625	85.6%	14.4%
H623-80	7.328	94.6%	5.4%
H648-80	7.562	97.7%	3.3%
H673-80	7.639	98.7%	1.3%
H698-80	7.569	97.8%	2.2%

从表2-2可以看出：

（1）在其他条件保持不变的条件下，随着热压压力的增加，热压后的块体实际和相对密度不断增加，同时样品的孔隙率逐渐降低。说明热压压力增加后所压块体越来越致密；

（2）在其他条件保持不变的条件下，随着热压温度的提高（523 K～673 K），热压后的块体实际和相对密度不断增加，同时样品的孔隙率逐渐降低。说明热压温度提高后所压块体越来越致密；

（3）热压温度大于623 K时样品比较致密，说明低于此温度样品不能很好地烧结，这与后面FESEM观察样品断面形貌的分析是一致的。

图2-5所示是水热合成的Bi_2Te_3和Bi_2Se_3粉末的XRD图谱，从中可以看出，a和b分别与Bi_2Te_3（JCPDS卡片号15-0863）和Bi_2Se_3（JCPD卡片号33-0214）的图谱非常吻合。没有发现不纯物质，表明通过水热法可以制备出纯的Bi_2Te_3和Bi_2Se_3纳米粉末。根据Scherrer公式$L = K\lambda/(\beta\cos\theta)$可以计算出$Bi_2Te_3$和$Bi_2Se_3$的粒径分别为48 nm和11 nm。

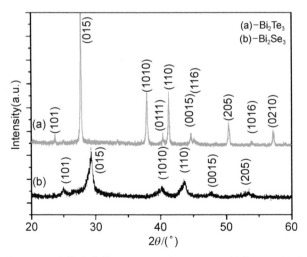

图2-5 水热合成的(a) Bi_2Te_3和(b) Bi_2Se_3粉末XRD图谱

第2章 聚噻吩-Bi_2Te_3以及Bi_2Te_3-Bi_2Se_3复合块体材料及其热电性能

图2-6所示为热压压力为80 MPa时,不同热压温度条件下所制备的块体样品的XRD图谱。除了"*"处的峰以外,样品的所有峰均与Bi_2Te_3的标准卡片(JCPDS卡片号15-0863)一致,但是,样品的峰略微向高角度方向偏移。"*"处吸收峰对应的是Bi_2TeO_5相(JCPDS卡片号70-5000),其产生的主要原因是,水热合成的纯Bi_2Se_3和Bi_2Te_3纳米粉末的表面吸附了氧,虽然热压工艺是在真空中完成的,但是Bi_2Se_3和Bi_2Te_3纳米粉末表面吸附的氧很难完全消除,因此,在热压的过程中,Bi_2Te_3纳米粉末会与其表面所吸附的氧发生反应而形成Bi_2O_3和TeO_2(XRD图谱中,没有检测出来Se元素的氧化物,可能是因为复合粉末中Se元素含量太低造成的),最终所形成的Bi_2O_3和TeO_2发生反应形成Bi_2TeO_5相。并且从图2-6可以看出,热压温度越高,样品氧化得越严重,结果生成的Bi_2TeO_5相的峰强度也越强。从XRD图谱可以看出样品在烧结过程中,除了部分发生氧化以外,绝大多数的Bi_2Se_3和Bi_2Te_3都已经形成了$Bi_2Te_{3-x}Se_x$固溶体,所以,样品的吸收峰略微向高角度方向偏移。

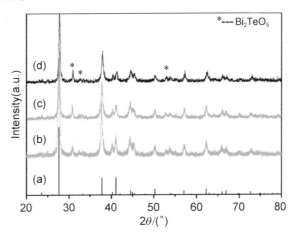

图2-6 热压压力为80 MPa时,不同热压温度条件下所制备的块体样品的XRD图谱,(a) Bi_2Te_3标准卡片,JCPDS卡号15-0863,(b) 350℃,(c) 375℃和(d) 400℃

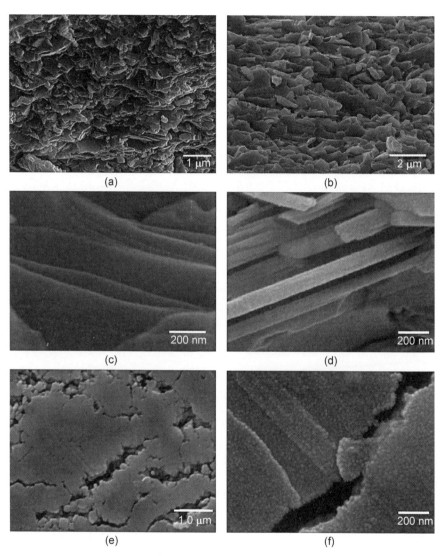

图 2-7 不同热压温度条件下,热压样品平行于压力方向断面的 FESEM 照片,
(a) 623 K, (b) 673 K, (c) 673 K, (d) 698 K,以及室温冷压样品表面的 FESEM 照片,(e)和(f)

图 2-7 所示为不同热压温度条件下,热压样品平行于压力方向断面的 FESEM 照片,为了进行比较,图中同时给出了在相同制备工艺条件下室温冷压样品表面的 FESEM 照片。可以看出,室温冷压样品均为

毛茸状大小均匀的小颗粒堆积而成,样品表面有缝隙,不致密。热压温度为 623 K,673 K 和 698 K 的样品,具有层状结构,但是,623 K 热压的样品部分区域不具有层状结构,且该样品表面有少许孔洞,不致密,颗粒大小为 0.5~1 μm,厚度约 100 nm。随着热压温度的升高,样品晶粒明显增大。热压温度为 673 K 和 698 K 的样品具有明显的趋向性。这与参考文献[121]的报道是一致的。热压温度为 648 K 的断面的形貌和 673 K 热压的样品的类似。

2.2.5 热电性能

从表 2-3 可以看出,随着烧结温度的提高(523 K~623 K),样品电导率显著增大,其主要原因如下:根据公式 $\sigma = ne\mu_H$(n 是载流子浓度,e 电荷数,μ_H 载流子迁移速率),当热压温度提高时,载流子浓度逐渐增大,而载流子迁移速率先增大后减小,但是,载流子浓度增加得更迅速,所以导致电导率增大。另外,由于烧结温度较高,块体样品较致密,孔隙率较小也是导致电导率增大的原因。H623-80 样品的电导率高于参考文献[122](415 S/cm)报道的数据。

表 2-3 室温时复合材料在不同热压温度时的 Seebeck 系数(α)、电导率(σ)、载流子浓度(n)、载流子迁移速率(μ_H)及 Hall 系数(R_H)

Samples	$\alpha/(\mu V \cdot K^{-1})$	$\sigma/(S \cdot cm^{-1})$	n/cm^{-3}	$\mu_H/[cm^2 \cdot (V \cdot s)^{-1}]$	$R_H/(cm^3 \cdot C^{-1})$
H523-80	−121.54	6.983E+00	8.321E+18	5.239E+00	−7.502E−01
H573-80	−173.73	5.119E+01	1.822E+19	1.754E+01	−3.425E−01
H623-80	−174.42	7.095E+02	1.945E+22	2.6545E−01	−3.709E−04
H648-80	−144.48	4.367E+02	3.582E+19	9.536E+01	−1.743E−01
H673-80	−139.13	5.569E+02	5.870E+19	4.543E+01	−1.063E−01

图 2-8 所示为不同热压温度条件下所制备的样品电导率、Seebeck 系数和热导率随温度变化的关系,可以看出,所有样品的电导率均随着

温度的升高而降低,热压温度为 623 K 的样品具有最高的电导率。

从前面的分析可知,热压温度为 623 K 的样品具有较低的相对密度,而且样品内部有少许孔洞,那么为什么此样品具有最高的电导率呢? 产生这种现象可能的原因有两个:第一,从表 2-3 可以看出,热压温度为 623 K 的样品的载流子浓度比其他样品高了 3 个数量级,而载流子迁移率比其他样品低了两个数量级,根据电导率的计算公式 $\sigma = ne\mu_H$(n 是载流

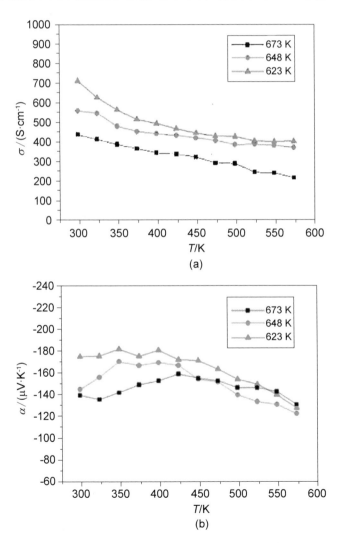

第 2 章 聚噻吩-Bi_2Te_3以及 Bi_2Te_3-Bi_2Se_3复合块体材料及其热电性能

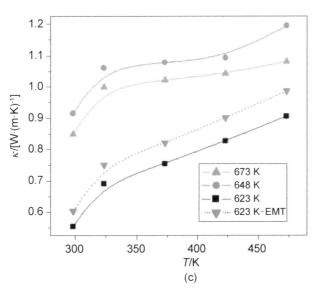

图 2-8 不同热压温度条件下所制备的样品电导率、Seebeck 系数和热导率随温度变化的关系

子浓度,e 电荷数,μ_H 载流子迁移速率)可知,此样品具有高的电导率。第二,样品的热电性能和样品的化学成分密切相关,定量的能谱分析显示,所有样品的化学成分均偏离名义组分 $Bi_2Te_{2.85}Se_{0.15}$,并且热压温度越高,偏离得越厉害,例如,定量的能谱分析显示,热压温度为 623 K 和 673 K 的样品的中的 Bi∶Te∶Se 原子个数比分别为 2∶2.93∶0.08 和 2∶3.63∶0.40,已经严重偏离了 2∶285∶0.15 的名义组成。样品成分偏离名义组成主要的原因可能是样品氧化造成的。热压温度越高,样品中 Bi_2TeO_5 相的含量越多,而 Bi_2TeO_5 相基本为绝缘体,所以导致了样品电导率降低。室温时,热压样品的电导率高于参考文献[122](415 S/cm)报道的数据,但是这一数值却低于参考文献[121](830 S/cm)的结果。

从图 2-9(b)可以看出,在整个测试温度范围内,样品的 Seebeck 系数均为负值,表明是 N 型导电特性,这与 Hall 系数的测试结果以及参考文献[121-123]是一致的。当测试温度高于 425 K 时,所有样品的

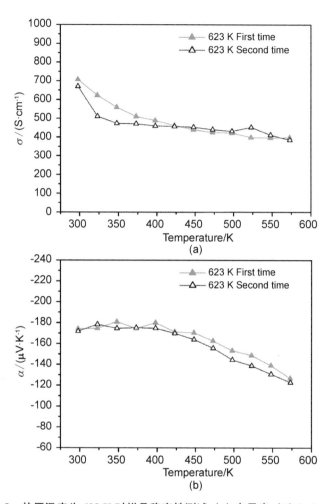

图 2-9 热压温度为 623 K 时样品稳定性测试,(a) 电导率,(b) Seebeck 系数

Seebeck 系数非常接近。在测试温度为 298 K～425 K 范围内,样品 Seebeck 系数的绝对值随着制备时热压温度的增加而减小,这种变化趋势和电导率的变化趋势非常一致,是一种少见的现象。产生这种现象的原因可能是热压过程中样品少许氧化,导致样品成分差距较大所造成的。热压温度为 623 K 的样品,在测试温度为 348 K 时,其 Seebeck 系数的绝对值取得最大值为 181 μV/K,这一数值比参考文献[122]报道的数值略低(235 μV/K),但是却高于参考文献[121](147 μV/K)报道的结果。

所有样品的热导率均较低,并且均随着测试温度的升高而单调增加。在测试温度范围内,热压温度为 623 K 的样品具有最低的热导率[在测试温度为室温至 473 K 的范围内,该样品的热导率为 0.55~0.9 W/(m·K)],这一结果显著低于参考文献[121-123]报道的数值。

热压温度为 623 K 的样品热导率低于其他样品的主要原因有三个:第一,可能是热压过程中样品少许氧化,最后导致样品成分差距较大所造成的。第二,热压温度为 623 K 的样品颗粒尺寸相对较小,增加了中-长波的声子散射[18]从而降低了热导率。第三,热压温度为 623 K 的样品相对密度较低,并且样品中有少许孔洞。为了更好地理解样品中孔洞对其热导率的影响,此处简单地将热压温度为 623 K 的样品视为由 $Bi_2Te_{3-x}Se_x$ 和小孔两部分组成,并且假设小孔都是球形的且均匀分布在样品中。根据有效介质理论(EMT)[124],该样品热导率可以按照式(2-9)进行计算(热压温度为 648 K 和 673 K 的样品因相对较致密,因此没有通过有效介质理论计算其热导率):

$$\kappa = (3\upsilon - 1)\kappa_1/2 \qquad (2-9)$$

其中,υ 和 κ_1 分别为样品中 $Bi_2Te_{3-x}Se_x$ 相的体积分数(相对密度)和热导率。图 2-9(c)中虚线为根据 EMT 计算的热压温度为 623 K 样品的热导率。该计算结果小于热压温度为 648 K 和 673 K 样品的热导率,因此我们认为样品成分差异是导致热压温度为 623 K 样品热电性能反常的主要原因。

由于热压后的样品具有明显的取向性,样品电导率和 Seebeck 系数是沿着垂直于压力方向测量的,而热导率是沿着平行于压力方向测量的。因此没有计算样品最终的 ZT 值。但是,根据图 2-8 所示的结果可以看出,热压温度为 623 K 的样品具有很高的功率因子。

如果提高样品的制备条件,比如在手套箱中,使用惰性气体保护条件下将所合成的 Bi_2Te_3 和 Bi_2Se_3 粉末装入热压磨具中,然后再进行真空热压烧结,将有可能避免样品氧化,从而进一步提高热压后样品的热电性能。

为了验证热压后块体材料的稳定性,对热压温度为 623 K 的样品第一次测试结束后,间隔 3 天又进行了第二次测试。图 2-9 所示是热压温度为 623 K 的样品稳定性测试结果,可以看出,两次测试的结果基本吻合,考虑到系统存在测试误差,所以认为 623 K 热压后的样品具有很好的稳定性。

2.3 聚噻吩-Bi_2Te_3 复合热电材料的制备及其热电性能

2.3.1 原材料

实验中所用到的有关试剂及其纯度和来源如表 2-4 所示。

表 2-4 实验中所用到的原材料

化学试剂名称	化学分子式	来源	备注
硝酸铋	$Bi(NO_3)_3 \cdot 5H_2O$	国药集团化学试剂有限公司	分析纯
酒石酸钠 [L-(+)-酒石酸钠]	$C_4H_4Na_2O_6 \cdot 2H_2O$	国药集团化学试剂有限公司	分析纯
二氧化碲	TeO_2	国药集团化学试剂有限公司	分析纯
二氧化硒	SeO_2	国药集团化学试剂有限公司	≥99.0%
氢氧化钾	KOH	国药集团化学试剂有限公司	分析纯
无水乙醇	C_2H_5OH	国药集团化学试剂有限公司	分析纯

第 2 章 聚噻吩-Bi_2Te_3以及Bi_2Te_3-Bi_2Se_3复合块体材料及其热电性能

续 表

化学试剂名称	化学分子式	来　　源	备注
硝酸铋	$Bi(NO_3)_3 \cdot 5H_2O$	国药集团化学试剂有限公司	分析纯
3-己基噻吩	$C_{10}H_{16}S$	Sigma-Aldrich Chem. Co.	97%
三氯甲烷	$CHCl_3$	国药集团化学试剂有限公司	≥97.0%
三氯化铁	$FeCl_3$	国药集团化学试剂有限公司	≥99.0%

2.3.2 样品的制备

Bi_2Te_3纳米粉末的制备：具体见2.2.2节，在此不再赘述。

聚噻吩(PTH)的制备：将0.648 g(4 mmol)$FeCl_3$溶解在50 mL $CHCl_3$溶液中，然后通过分液漏斗缓慢地将其滴加到含有0.084 g(1 mmol)噻吩单体的50 mL $CHCl_3$中，室温搅拌12 h。用300 mL甲醇沉降，然后加入1 M HCl，继续室温搅拌12 h。过滤后，重复用1 M HCl洗涤，直至滤液变成无色，60℃真空干燥，即可得到PTH粉末。

Bi_2Te_3/PTH块体复合纳米材料的制备：将化学氧化法制备的PTH和水热法合成的Bi_2Te_3按照质量比为1∶1进行混合，研磨1 h后，将混合粉末装入已均匀涂抹氮化硼的石墨模具中，然后将模具放入热压设备中进行冷压或者热压烧结(其中，冷压工艺条件为：温度298 K，时间1 h，压力80 MPa；热压工艺条件为：升温速率12.5℃/min，热压温度分别为473 K和623 K，保温时间1 h，压力80 MPa)。

为了简便，将复合样品在温度为298 K冷压、473 K和623 K热压烧结的样品分别命名为样品Ⅰ，Ⅱ和Ⅲ。将水热合成的纯Bi_2Te_3粉末在623 K条件下热压的样品命名为Ⅳ号样品。

2.3.3 样品表征和性能测试方法

采用Bruker D8 Advance型X射线衍射仪(XRD,Cu K_α射线，$\lambda =$

1.540 56 Å)表征样品的相组成和结构;

采用 Nicolet 6700 型红外光谱仪表征样品的分子结构(spectral range:650~10 000 cm^{-1});

热重分析(TGA)采用 Pyris 1 TGA 型热重分析仪,氮气保护,升温速率 10℃/min;

采用 Quanta 200 FEG 型场发射扫描电子显微镜(FESEM)观察样品的形貌及显微结构,并利用其所带 X 射线能谱仪(EDS)分析样品的元素组成;

采用 Philips TECNAI-20 型透射电镜(TEM)观测粉末样品的形貌、尺寸及结构等相关特征;

样品室温 Hall 系数测试在 HMS-3000 Hall 测试系统上进行,测试中所使用的样品通常为直径 10 mm 的圆片,测试系统的磁感应强度为 0.55 T,输入电流为 0~20 mA;

样品电导率的测试采用标准四探针法进行测试;

样品 Seebeck 系数用电动势随不同温差(5℃~15℃)变化关系拟合直线的斜率求得。

2.3.4 结构及形貌表征

图 2-10 所示为水热法合成的 Bi_2Te_3 粉末和化学氧化法合成的 PTH 粉末的 TEM 照片。由图 2-10(a)可以看出,所合成的 Bi_2Te_3 主要有两种形貌:纳米棒和纳米片。纳米棒的直径约为 40 nm,长度为 100~200 nm。通过化学氧化法所合成的 PTH 为球形粒子,直径约为 200 nm[图 2-10(b)]。

图 2-11 所示为所合成的 Bi_2Te_3 粉末、Bi_2Te_3/PTH 复合材料分别在 298 K 冷压,以及 473 K 和 623 K 温度下热压后块体的 XRD 图谱。可以看出,水热合成的 Bi_2Te_3 粉末的 XRD 图谱与 Bi_2Te_3(JCPDS 卡

第2章　聚噻吩-Bi_2Te_3以及Bi_2Te_3-Bi_2Se_3复合块体材料及其热电性能

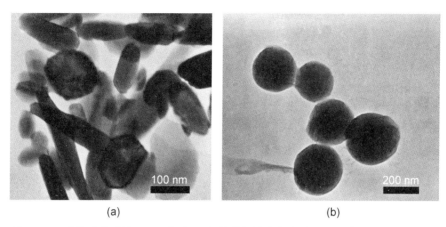

图2-10　水热法合成的Bi_2Te_3粉末(a)和化学氧化法合成的PTH粉末(b)的TEM照片

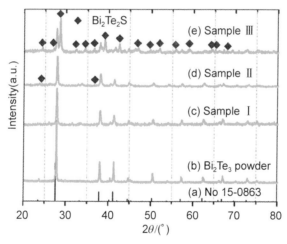

图2-11　(a) Bi_2Te_3的标准图谱,JCPDS卡片号: 15-0863,(b) 水热合成的Bi_2Te_3粉末,以及样品Ⅰ(c)、Ⅱ(d)和Ⅲ(e)的XRD图谱

片号15-0863)的标准图谱非常吻合,没有发现不纯物质,表明通过水热法制备的是纯的Bi_2Te_3。由于合成的PTH为非晶,所以其XRD图谱在此没有给出。298 K冷压的复合块体材料的XRD峰强度明显小于纯的Bi_2Te_3粉末[图2-11(c)],其主要原因是此样品中含有非晶态的PTH。当热压温度达到473 K时,Bi_2Te_2S(JCPDS卡片号09-

0447)相产生了[图2-11(d)]。随着热压温度的继续升高,Bi_2Te_2S相的强度明显增大[图2-1(e)]。其主要原因是,PTH的分解温度约为473 K[125,126],PTH分解时会产生：S和·SH自由基,它们与Bi_2Te_3反应生成Bi_2Te_2S[127]。随着热压温度的升高,PTH分解程度也相应增大,最终导致Bi_2Te_2S相的含量也随之增大。

图2-12所示为通过化学氧化法制备的PTH、水热法合成的Bi_2Te_3纳米粉末以及Bi_2Te_3/PTH复合材料分别在298 K冷压,473 K和623 K温度下热压后块体材料的热失重谱图。证明了温度达到约473 K时,PTH开始分解,这与参考文献[125,126]的报道是一致的。当温度从450 K到730 K时,PTH失重量线性增加,但是失重速率相对较慢。当温度大于730 K时,PTH失重快速增加,这一结果与参考文献[128]相吻合。在293 K～900 K温度范围内,Bi_2Te_3相对较稳定。与PTH相比,复合材料的失重量随着其制备时热压温度的提高而减小,其主要原因是在制备过程中,热压温度越高,噻吩环中C,H和S元素的损失越大。

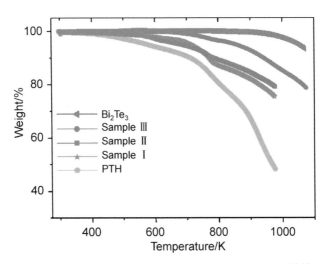

图2-12 合成的PTH,Bi_2Te_3纳米粉末以及样品Ⅰ,Ⅱ和Ⅲ的热重谱图

第2章 聚噻吩-Bi_2Te_3以及Bi_2Te_3-Bi_2Se_3复合块体材料及其热电性能

图2-13所示为合成的PTH和Bi_2Te_3/PTH复合材料分别在298 K冷压,以及473 K和623 K热压后块体的红外光谱图。在图2-13(a)中,PTH所有的吸收峰都与参考文献[115,125,126,129,130]的报道是一致的。3 062 cm^{-1}和2 923 cm^{-1}分别是芳香族$C_{\beta-H}$键的伸缩振动峰和—CH_2—伸缩振动峰。[129] 1 490 cm^{-1}和1 436 cm^{-1}是由噻吩环的C=C键的伸缩振动所引起的[126]。1 225 cm^{-1}是由C—H弯曲振动所产生的。[130] 1 036 cm^{-1}处的吸收峰是$C_{\beta-H}$的平面内的弯曲振动所产生的。[129] 最强的吸收峰的位置为782 cm^{-1},该峰是$C_{\beta-H}$的平面外的弯曲振动所产生的[125],它也是α—α相连噻吩环的特征吸收的一个标志。[130] 1 678 cm^{-1}为羰基的吸收峰,该峰的存在说明了噻吩环已经有了一定程度的氧化。695 cm^{-1}和650 cm^{-1}的两个峰是噻吩环中C—S伸缩振动的特征吸收峰。[128,129] 所有复合材料的红外光谱的吸收峰均和聚噻吩的类似,只是峰的位置略有偏移。制备样品过程中热压温度越高,吸收峰的强度越低,其主要原因有两个:第一,热压温度越高,PTH分解越严重;第二,热压温度越高,越有利于Bi_2Te_3插入PTH基体

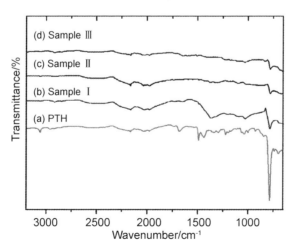

图2-13 合成的(a) PTH,以及样品Ⅰ(b),Ⅱ(c)和Ⅲ(d)的红外光谱图

中。[115]随着热压温度的升高,695 cm^{-1} 和 650 cm^{-1} 处的吸收峰强度显著减小,也表明 PTH 部分分解。由于热压时 PTH 部分分解,所以,样品Ⅱ和Ⅲ的真实组分变得很复杂,为了搞清楚热压后样品Ⅱ和Ⅲ的具体组成,对热压后的样品进行了 FESEM 和 EDS 分析。

图 2-14 所示为热压后平行于压力方向的样品断面的背散射照片,通过这些照片可以清楚地看到随着制备样品过程中热压温度的增加,复合材料的形貌发生了明显的变化。背散射照片显示所有样品均由颜色深的相和颜色浅的相组成,其中颜色浅的相由小颗粒组成,颜色深的相

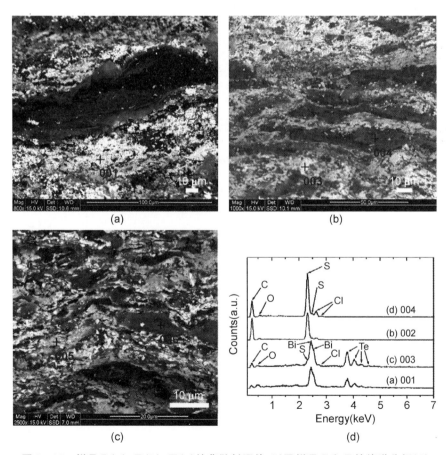

图 2-14 样品Ⅰ(a)、Ⅱ(b)、Ⅲ(c)的背散射照片,以及样品Ⅰ和Ⅱ的能谱分析(d)

第 2 章 聚噻吩-Bi_2Te_3 以及 Bi_2Te_3-Bi_2Se_3 复合块体材料及其热电性能

具有带状的结构。随着制备样品过程中热压温度的增加,颜色深的相变得越来越薄,而颜色浅的相的颗粒分布变得越来越均匀。能谱分析显示[图 2-14(d)],样品Ⅰ和Ⅱ中颜色深的相主要由 C,S,Cl 和 O 元素组成。而颜色浅的相主要由 Bi,Te,C,S,Cl 和 O 元素组成,通过图 2-14(d) 可以看出,颜色浅的相中 Bi 和 Te 元素的含量较大,而 C,S,Cl 和 O 元素含量很少(此区域含有 C,S,Cl 和 O 元素的主要原因可能是由于深色区域中 PTH 基体造成的)。通过上述分析可知,颜色浅的区域主要成分是 Bi_2Te_3,而颜色深的区域主要是 PTH。样品中含有 Cl 元素是因为在制备 PTH 过程中使用 HCl 进行了掺杂。O 元素的来源是噻吩环的部分氧化,以及通过水热合成的纯 Bi_2Te_3 纳米粉末的表面吸附了氧,虽然热压工艺是在真空中完成的,但是 Bi_2Te_3 纳米粉末表面吸附的氧很难完全消除,因此,在热压过程中,少量的吸附氧和 Bi_2Te_3 纳米粉末发生反应。[131]

表 2-5 为样品Ⅲ的定量能谱分析结果,样品Ⅲ深色区域中所含的 S 和 C 元素的原子个数比为 1∶7.72,这一比例明显偏离了 PTH 中 S 和 C 原子的理论配比(1∶4),这可能是由于 PTH 分解造成的。样品Ⅲ 浅色区域所含的 Bi 和 Te 的原子个数比为 2.25∶3,这一比例很接近 Bi_2Te_3 中 Bi 和 Te 原子的理论配比,Bi 的含量略高于理论配比,这一区域所含的 S 和 C 元素的原子个数比为 1∶5.3,高于深色区域中所含的 S 和 C 元素的原子个数比为 1∶7.72[115],这可能是因为 S 元素对 Bi_2Te_3 的掺杂造成的[132],这与 XRD 分析也是一致的(图 2-11)。

表 2-5 样品Ⅲ的能谱分析

Analysis area	Element/At%				
	C	S	Cl	Bi	Te
Lighter contrast area, 005	69.50	13.18	1.58	6.76	8.99
Darker contrast area, 006	87.17	11.29	1.54		

2.3.5 热电性能

图 2-15 所示是样品 Ⅱ，Ⅲ 和 Ⅳ 的电导率、Seebeck 系数和功率因子随温度的变化关系。可以看出，复合材料室温时的电导率随着样品制备时热压温度的升高而增大。样品 Ⅰ 的电导率(3.5×10^{-3} S/cm)比纯 PTH(5.8×10^{-7} S/cm)高了 4 个数量级，但是仍然小于样品 Ⅱ (9.7×10^{-2} S/cm)，Ⅲ (8.1 S/cm)和 Ⅳ (3.84×10^2 S/cm)。这主要是由于制

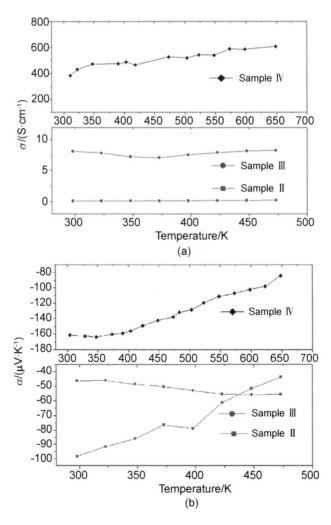

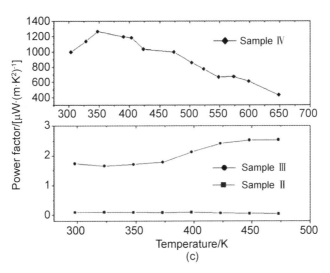

图 2-15 样品Ⅱ、Ⅲ和Ⅳ电导率(a)、Seebeck系数(b)和功率因子(c)随温度的变化关系

备样品过程中,随着热压温度增高,复合材料的载流子浓度和载流子迁移率同时增大的原因(表2-6)。在测试温度范围内,样品Ⅲ的电导率大于样品Ⅱ,样品Ⅲ和Ⅱ的电导率都随着测试温度的升高基本保持不变。但是它们的电导率均远小于Ⅳ,其主要原因是复合材料中PTH的电导率远小于Bi_2Te_3的电导率,并且Bi_2Te_3颗粒之间均被PTH相所分开,因此,电子只能通过跃迁的方式传输。

表 2-6 室温时热压后复合材料的载流子浓度,载流子迁移速率和Hall系数

Samples	n/cm^{-3}	$\mu_H/[cm^2 \cdot (V \cdot s)^{-1}]$	$R_H/(cm^3 \cdot C^{-1})$
Ⅰ	3.68E+16	0.597	−169.47
Ⅱ	1.57E+17	15.01	−39.86
Ⅲ	6.46E+17	56.46	−9.633
Ⅳ	2.848E+19	92.46	−0.219 2

在测试温度范围内,样品Ⅱ,Ⅲ和Ⅳ的Seebeck系数均为负值,表明是N型导电特性,这和Hall系数的测试结果是一致的。室温时,样品

Ⅱ和Ⅲ的 Seebeck 系数的绝对值均比参考文献[66,70]报道的 PTH 的高。随着测试温度的升高,样品Ⅱ和Ⅳ的 Seebeck 系数的绝对值迅速减少,但是,样品Ⅲ的 Seebeck 系数的绝对值却逐渐增大,这可能是由于样品Ⅲ中大部分的 Bi_2Te_3 相都已经转变成了 Bi_2Te_2S 相造成的(图 2-11)。样品Ⅱ和Ⅲ的 Seebeck 系数的绝对值均小于样品Ⅳ,其主要原因是 PTH 的 Seebeck 系数太低造成的。另外,Bi_2Te_3 是 N 型导电特性,而 PTH 为 P 型导电特性,它们不同的导电特性降低了复合材料的 Seebeck 系数[133]。

由于样品Ⅲ的电导率远大于样品Ⅱ的电导率,所以,与样品Ⅱ相比,样品Ⅲ具有较大的功率因子。样品Ⅲ在测试温度为 473 K 时获得最大的功率因子为 2.54 $\mu W/(m \cdot K^2)$,但这一结果远小于样品Ⅳ的最大功率因子[1 266 $\mu W/(m \cdot K^2)$ at 348 K]。其主要原因是样品Ⅲ的电导率和 Seebeck 系数均小于样品Ⅳ。虽然样品Ⅲ中含有聚合物相,其热导率必然小于样品Ⅳ,但是由于其功率因子远小于样品Ⅳ,因此样品Ⅲ的 ZT 值仍将小于样品Ⅳ。通过这个实验可以看出,为了提高复合材料的热电性能,复合材料中 PTH 的含量应该降低,同时烧结温度应该低于 473 K,以防止 PTH 分解。

本实验的目的是为了降低复合的热导率,从而提高复合材料的热电性能。因此只要 PTH 在复合材料中可以形成网状连续结构,复合材料的热导率就可能会大幅度地降低,因此,复合材料中 PTH 的含量应尽量控制在其阈值附近。

2.4 本章小结

本章首先通过水热法制备 Bi_2Te_3 和 Bi_2Se_3 纳米粉体,混合研磨后

第 2 章 聚噻吩-Bi_2Te_3 以及 Bi_2Te_3-Bi_2Se_3 复合块体材料及其热电性能

热压成块体。研究了热压温度对 Bi_2Se_3/Bi_2Te_3 块体材料形貌、物相以及电输运性质的影响。

研究发现：与热压温度为 648 K 和 673 K 的样品相比，热压温度为 623 K 的样品具有最高的电导率和 Seebeck 系数。产生这种现象的主要原因是：第一，水热合成 Bi_2Se_3 和 Bi_2Te_3 纳米粉末表面吸附的氧很难完全消除，在热压的过程中，Bi_2Te_3 纳米粉末会与其表面吸附的氧发生反应而形成 Bi_2O_3 和 TeO_2 相，最终生成 Bi_2TeO_5 相。热压温度越高，样品氧化得越严重，Bi_2TeO_5 相的含量越多。Bi_2TeO_5 相基本为绝缘体，所以导致了样品电导率降低。第二，由于样品部分氧化，所以样品的化学成分均偏离名义组分 $Bi_2Te_{2.85}Se_{0.15}$，并且热压温度越高，偏离得越厉害。由于热压温度为 623 K 的样品颗粒尺寸相对较小、样品相对密度较低，所以此样品具有最低的热导率。

通过化学氧化法制备了 PTH 粉末，并将其和 Bi_2Te_3 纳米粉体混合研磨后热压成块体。当热压温度达到 473 K 时，PTH 分解时会产生·S 和·SH 自由基，它们和 Bi_2Te_3 反应生成 Bi_2Te_2S 相。随着热压温度的升高，PTH 分解程度也相应地增加，最终导致 Bi_2Te_2S 相的含量也随之增大。由于复合材料的电导率随着样品制备时热压温度的升高而显著增大，所以复合材料的功率因子也随着热压温度的升高而增大。热压温度为 623 K 的样品在测试温度为 473 K 时获得最大的功率因子为 $2.54\ \mu W/(m·K^2)$。为了进一步提高复合材料的热电性能，复合材料中 PTH 的含量应该降低，同时，热压温度应该低于 473 K，以防止 PTH 分解。

第3章

聚(3-己基噻吩)-无机纳米结构复合材料及其热电性能

3.1 概 述

导电聚合物以及它们的衍生物具有热导率低、质轻、价廉、容易合成和加工成型等优点,作为热电材料具有广阔的应用前景。到目前为止,报道的性能较好的导电聚合物有 β-萘磺酸掺杂的 PANI 纳米管[51]、P3HT 薄膜[72]、PEDOT 纳米线[80]、掺杂的 PEDOT 薄膜[81]以及 PEDOT 纳米管[85]。近年来,越来越多的研究人员开始关注导电聚合物-无机纳米结构复合热电材料。[33,35,60-61,82,85,115]

碳纳米管(CNT)具有优良的电传导、热传导和机械性能,并且具有中空的结构,有利于提高复合材料的热电性能。[134] Yu 等[35]于 2008 年首次报道了在 CNT-聚合物复合热电材料中,随着 CNT 含量的增加,复合材料电导率显著增大,而 Seebeck 系数和热导率的变化却并不明显。这就使通过提高 CNT-聚合物复合材料的电导率来提高其热电性能成为可能。这个工作报道以后,越来越多的科研工作者开始关注在聚合物体系中引入 CNT,以期望提高复合材料的热电性能[33,60]。如

第3章 聚(3-己基噻吩)-无机纳米结构复合材料及其热电性能

CNT/PANI[60]、PANI/SWCNT[33]以及PEDOT：PSS/CNT[82]复合材料等。然而上述复合材料的Seebeck系数均较低(11～50 μV/K)。最近，Sun等[72]报道了通过调整掺杂的聚烷基噻吩的态密度，可以使其电导率和Seebeck系数同时增加。当P3HTT和F_4TCNQ在P3HT薄膜中的含量分别为2%和0.25 wt%时，P3HT薄膜获得了最大的Seebeck系数(700 μV/K)。

石墨烯是由碳原子以sp^2杂化轨道组成六角型呈蜂巢晶格的平面薄膜，也就是单层石墨，它是一种完美的单层碳原子二维晶体。由于石墨烯中，每个碳原子都贡献一个未成键的π电子，这些π电子与平面成垂直的方向可形成π轨道，π电子可在晶体中自由移动，因此赋予了石墨烯优良的导电性。

因此，若能通过适当的方法制备导电聚合物-多壁碳纳米管(MWCNT)或者导电聚合物-石墨烯多层薄片(GNs)复合材料，充分利用导电聚合物低的热导率，以及MWCNT或者GNs高的电导率，将有可能大幅度提高复合材料的热电性能。

在第2章中通过两步法制备了PTH/Bi_2Te_3复合块体热电材料，但是使用这种方法制备导电聚合物-无机纳米结构复合热电材料仍然存在着以下几个问题：① 无机纳米结构在复合材料中的分散并不是非常均匀；② 热压过程中PTH会分解；③ 制备工艺相对较复杂。

为了解决上述问题，本章首次采用一种简单的原位聚合结合离心的方法制备了MWCNT/P3HT复合薄膜，并测试了薄膜的热电性能。同时采用原位聚合法制备了MWCNT/P3HT复合粉末，然后将复合粉末冷压成块体，研究了MWCNT含量对复合块体材料热电性能的影响。

为了进一步提高复合材料的电导率，从而提高复合材料的热电性能，本章中尝试采用以下两种方法提高复合材料的电导率：① 使用具有高电导率的无机纳米结构填充相。考虑到 GNs 具有比 MWCNT 高的电导率,本章中采用原位聚合方法制备了 GNs/P3HT 复合粉末,然后将复合粉末冷压成块体,研究了 GNs 含量对复合块体材料热电性能的影响。② 通过掺杂提高聚合物基体的电导率。同时考虑到原位聚合法制备 MWCNT/P3HT 和 GNs/P3HT 复合材料过程中,需要使用有机溶剂(如三氯甲烷和甲醇),会造成环境污染。为了解决这一问题,本章中采用机械化学方法制备了 MWCNT/P3HT 复合粉末,冷压成块体后,放入盛有 I_2 的密闭容器中对聚合物基体进行掺杂,以期望提高复合材料的电导率,从而提高复合材料的热电性能。这种制备工艺不需要任何有机溶剂,因此这是一种绿色、环保、简单并且可以大规模生产的方法。

3.2 原位聚合法制备 P3HT–MWCNT 纳米复合薄膜及其热电性能

3.2.1 原材料

实验中所用到的有关试剂及其纯度和来源如表 3-1 所示。

表 3-1 实验中所用到的原材料

化学试剂名称	化学分子式	来源	备注
3-己基噻吩	$C_{10}H_{16}S$	Sigma-Aldrich Chem. Co.	97%
三氯甲烷	$CHCl_3$	国药集团化学试剂有限公司	≥97.0%
三氯化铁	$FeCl_3$	国药集团化学试剂有限公司	≥99.0%
多壁碳纳米管(MWCNT)		Shenzhen Nanotech Port Co., Ltd.	≥95%,直径:10~20 nm,长度:5~15 μm

3.2.2 原位聚合法制备 P3HT-MWCNT 纳米复合薄膜

将 100 mL CHCl$_3$ 加入 500 mL 的烧杯中,然后加入 MWCNT(MWNCT 质量为 3-己基噻吩单体质量的 5%),室温超声 1 h,得到溶液 A。将 0.168 g(1 mmol)3HT 溶解在 50 mL CHCl$_3$ 溶液中,然后缓慢地倒入溶液 A 中,室温超声 30 min,得到溶液 B。将 0.649 g(4 mmol)FeCl$_3$ 溶解在 50 mL CHCl$_3$ 溶液中,然后通过分液漏斗缓慢地滴加到溶液 B 中,室温搅拌 24 h。用甲醇沉降后,离心 10 min(转速为 3 000 rpm),离心管底部会形成一层薄膜。将离心管中上层溶液倾倒出来后,加入去离子水,但不搅拌,继续离心。重复水洗、离心数次,直至上层溶液变成无色。然后将离心管和产品一起放入干燥箱,60℃真空干燥,即可得到 P3HT-MWCNT 复合薄膜。图 3-1 描述了 P3HT-MWCNT 复合薄膜的制备过程。纯的 P3HT 薄膜的制备工艺同上。

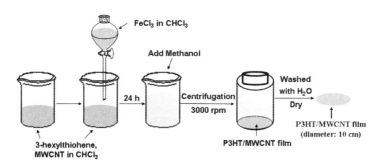

图 3-1 P3HT/MWCNT 复合薄膜的制备过程示意图

3.2.3 样品表征和性能测试方法

将样品在 30℃条件下溶解在四氢呋喃溶剂里,然后采用凝胶渗透色谱仪(GPC)测试 P3HT 的分子量;拉曼光谱测试用(Nicolet Almega XR model)型拉曼光谱仪,采用 514 nm 的激光二极管作为拉曼光谱的激发源;X 射线衍射、红外光谱、热重、场发射扫描电子显微镜样品的制备和表征方法,以及样品电导率和 Seebeck 系数测试同第 2 章 2.3.3 节,在此不再赘述。

3.2.4 结构及形貌表征

从图 3-2 可以看出所合成的 P3HT 薄膜的重均分子量(M_w)和数

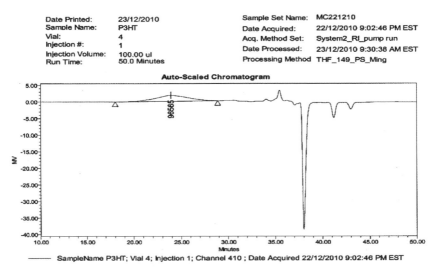

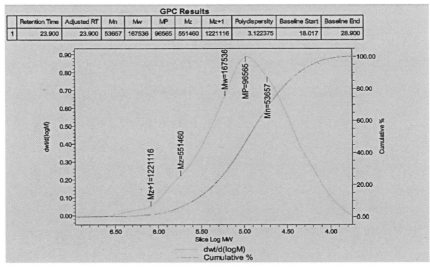

图 3-2 P3HT 的 GPC 测试结果

均分子量(M_n)分别为 167 536 和 53 657,多分散系数为 3.12。通过此方法所合成的 P3HT 薄膜的 M_w 和 M_n 均大于参考文献[135]报道的结果($M_w = 39\,717, M_n = 12\,778$,多分散系数 = 3.11)。

图 3-3 为所合成的 P3HT 薄膜和 P3HT/MWCNT 复合薄膜的 XRD 图。在图 3-3(a)中,2θ 为 5.15°的衍射峰对应的是 P3HT 面内噻吩环之间的距离,约为 17.13 Å。2θ 为 10.24°的衍射峰对应的是 P3HT 相邻两层之间的距离,约为 8.596 Å[135]。P3HT/MWCNT 复合薄膜与 P3HT 薄膜的 XRD 衍射峰相比,峰位置不变,只是峰的强度变弱,并且峰变得更宽。这说明 P3HT/MWCNT 复合薄膜中 P3HT 的颗粒变小,但是 P3HT 多形态的特性(Polymorphic nature)并没有发生改变。[136]

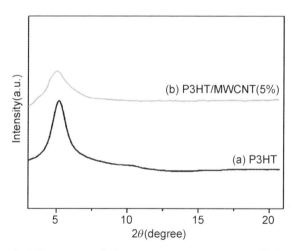

图 3-3 合成的(a) P3HT 薄膜和(b) P3HT/MWCNT 复合薄膜的 XRD 图

图 3-4 为合成的 P3HT 薄膜和 P3HT/MWCNT 复合薄膜的红外光谱图。在图 3-4(a)中,P3HT 薄膜所有的吸收峰都与参考文献[135]一致。3 053 cm^{-1} 和 2 955 cm^{-1} 分别归属为芳香族 $C_{\beta-H}$ 的伸缩振动峰和—CH_3 的非对称伸缩振动峰。2 922 cm^{-1} 和 2 853 cm^{-1} 为—CH_2—伸缩振动峰。1 378 cm^{-1} 为—CH_3 的弯曲振动峰。[137] 1 150 cm^{-1} 和

720 cm^{-1}是—(CH$_2$)$_n$—($n\geqslant 4$)的非平面和平面的摇摆振动峰。[137] 1 455 cm^{-1}和1 508 cm^{-1}分别为噻吩环中C=C的对称伸缩振动峰和反对称伸缩振动峰。P3HT/MWCNT复合薄膜所有的吸收峰均与P3HT的吸收峰一致,只是强度有所降低。

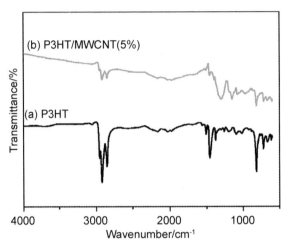

图3-4 合成的(a) **P3HT薄膜和(b) P3HT/MWCNT复合薄膜的红外光谱图**

拉曼光谱是对CNT结构表征的重要手段,而且受衬底的影响较小,因此被广泛地利用来研究碳材料以及碳纳米管复合材料。[137] 图3-5为MWCNT粉末和合成的P3HT薄膜以及P3HT/MWCNT复合薄膜的拉曼光谱图。从P3HT薄膜的拉曼光谱图中可以看出,1 380 cm^{-1}和1 448 cm^{-1}对应于P3HT中噻吩环的典型吸收峰。[138] 从MWCNT的拉曼光谱图中可以看出,1 312 cm^{-1}和1 605 cm^{-1}分别对应于MWCNT的D带和G带吸收峰。[139] 在P3HT/MWCNT复合薄膜中,MWCNT的D带和G带吸收峰均发生了红移(约15 cm^{-1}),这和参考文献[138]的报道是一致的。其主要原因是:① MWCNT对P3HT基体贡献电荷;[140] ② MWCNT的含量太低(5 wt%),导致大部分的MWCNT的表面都被P3HT基体所覆盖,所以石墨层内的C—C键伸缩振动被

CH—π 键的相互作用所限制(MWCNT 和 P3HT 之间的 CH—π 键的相互作用比 MWCNT 之间的 π—π 相互作用强)。[141] SWCNT/聚丙烯[142]和 SWCNT/增强的环氧树脂复合材料中,也观察到了 G 带类似的红移现象(约 17 cm^{-1})[143]。

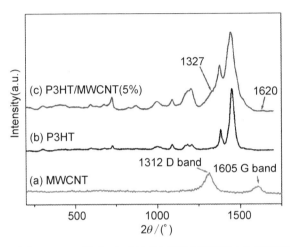

图 3-5　(a) MWCNT 粉末、合成的(b) P3HT 薄膜和(c) P3HT/MWCNT 复合薄膜的拉曼光谱图

TGA 测试可以对复合薄膜的热稳定性能进行表征。图 3-6 为 MWCNT 粉末、合成的 P3HT 薄膜和 P3HT/MWCNT 复合薄膜的热重谱图。从 TGA 的数据可以看出,MWCNT 在 300 K 到 900 K 很稳定,约有 5 wt% 的失重。其主要原因是 MWCNT 的失重温度一般大于 873 K。[144] P3HT 薄膜和 P3HT/MWCNT 复合薄膜开始分解的温度分别为 664 K 和 648 K。可以看出 MWCNT 含量为 5 wt% 的 P3HT/MWCNT 复合薄膜的热稳定性比 P3HT 薄膜的差,这说明 MWCNT 的加入并没有使复合薄膜的热稳定性得到提高,这与参考文献[136]的报道是一致的。

图 3-7 为所制备的 P3HT/MWCNT 复合薄膜的数码照片和 FESEM 照片。从图 3-7(a)可以看出所制备的复合薄膜的直径约为 10 cm。所

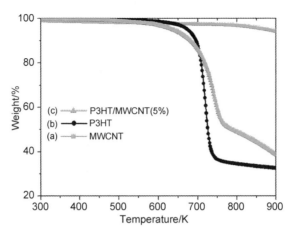

图3-6 (a) MWCNT粉末、合成的(b) P3HT薄膜和(c) P3HT/MWCNT复合薄膜的热重谱图

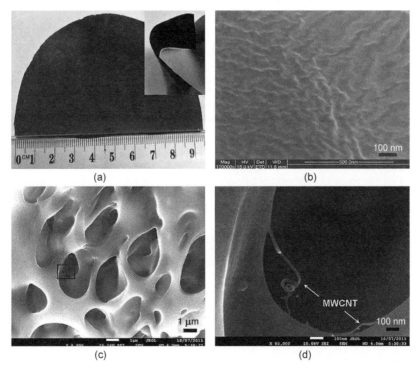

图3-7 (a) P3HT/MWCNT复合薄膜的数码照片,图中右上角为P3HT/MWCNT复合薄膜弯曲后的数码照片,(b) P3HT/MWCNT复合薄膜的表面FESEM照片,(c) P3HT/MWCNT复合薄膜的断面FESEM照片,(d)为(c)图中方框区域放大后的FESEM照片

制备的复合薄膜直径的大小取决于制备过程中所使用的离心管的直径。本实验过程中所使用的离心管的直径为 10 cm。从 P3HT/MWCNT 复合薄膜的表面 FESEM 照片可以看出,所制备的复合薄膜很致密、表面很平整且形貌均一,这和文献报道的 P3HT 薄膜的形貌是一致的,[135]但是从复合薄膜的表面 FESEM 照片很难观察到 MWCNT,其主要原因是 MWCNT 的含量太少,大部分的 MWCNT 的表面都被 P3HT 所覆盖。因此对薄膜的断面进行了分析,从薄膜的断面 FESEM 照片[图 3-7(c)和(d)]可以清楚地观察到 MWCNT。

3.2.5 热电性能

经测试,P3HT/MWCNT 复合薄膜的电导率为 1.3×10^{-3} S/cm,这一数值比通过此方法制备的纯 P3HT 薄膜高了三个数量级(纯 P3TH 薄膜的电导率为 2.5×10^{-6} S/cm),并且高于 F_4TCNQ 掺杂的 P3HT 薄膜($1.8 \times 10^{-5} \sim 3.8 \times 10^{-5}$ S/cm)[72]、P3HT/双壁碳纳米管(DWCNT)复合材料(5.3×10^{-4} S/cm,含 5 wt% DWCNT)[135]以及聚(3-辛集噻吩)/SWCNT 复合材料(5.4×10^{-6} S/cm,含 5 wt% SWCNT)[137],其主要原因是所制备的 P3HT/MWCNT 复合薄膜比较致密,并且复合薄膜具有平整的表面和相对均一的形貌。但是 P3HT/MWCNT 复合薄膜的电导率仍然比 PANI/CNT 复合材料($30 \sim 90$ S/cm)[60]、PANI/SWCNT 复合材料($10 \sim 125$ S/cm)[33]、PEDOT∶PSS/CNT 复合材料($0 \sim 124$ S/cm)[82]以及聚乙酸乙烯酯/CNT 复合材料($0 \sim 48$ S/cm)的低[35],其主要原因是 P3HT 的电导率远小于 PANI 和 PEDOT∶PSS 的电导率。

图 3-8 描述的是薄膜上两点间的热电势与温差之间的关系,右上角插图是 P3HT/MWCNT 复合薄膜 Seebeck 系数测试示意图,该测试方法与文献报道的方法基本一致。[145]本测试系统中将电压表正极与样

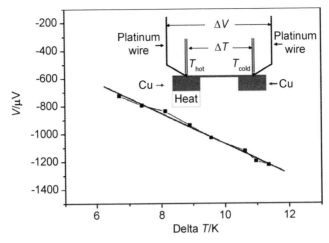

图 3-8 薄膜上两点间的热电势与温差之间的关系，右上角插图为
P3HT/MWCNT 复合薄膜 Seebeck 系数测试示意图

品的热端相连，所以样品的 Seebeck 系数 α 可以通过式(3-1)计算：

$$\alpha = \alpha_{Ni-Cr} - \alpha_{fit} \quad (3-1)$$

其中，α_{Ni-Cr} 为导线的 Seebeck 系数，常温下约为 21 μV/K，α_{fit} 为不同温差与对应电动势拟合直线的斜率。由式(3-1)计算得 P3HT/MWCNT 复合薄膜的 Seebeck 系数 α 为 131.0 μV/K，表明薄膜为 P 型导电特性。纯的 P3HT 的 Seebeck 系数采用此方法测试不出来，其主要原因是纯 P3HT 的电导率太低。P3HT/MWCNT 复合薄膜的 Seebeck 系数高于 PANI/CNT 复合材料(12～28 μV/K)[60]，PANI/SWCNT 复合材料(11～40 μV/K)[33]，PEDOT：PSS/CNT 复合材料(17～40 μV/K)[82]和聚乙酸乙烯酯/CNT 复合材料(40～50 μV/K)[35]，但是却低于 F_4TCNQ 掺杂的 P3HT 薄膜(400～580 μV/K)[72]。可以看出通过此方法制备的导电聚合物/CNT 复合薄膜，能显著地提高聚合物的电导率，同时保持较高的 Seebeck 系数。另外，由于复合薄膜具有很低的热导率，所以复合薄膜可能具有较高的 ZT 值。复合薄膜的 ZT 值仍可通过调节 MWCNT 含量,选择合适的掺杂剂如 I_2 或者 F_4TCNQ 掺杂,以及调节掺杂剂的含量来进一步提高。

3.3 原位聚合法制备 P3HT-MWCNT 纳米复合块体材料及热电性能

3.3.1 原材料

实验中所用到的有关试剂及其纯度和来源具体见本章 3.2.1 节表 3-1,在此不再赘述。

3.3.2 原位聚合法制备 P3HT-MWCNT 纳米复合块体材料

将 100 mL $CHCl_3$ 加入 500 mL 烧杯中,然后加入 MWCNT(MWCNT 质量依次为 3-己基噻吩单体质量的 10%,20%和 30%),室温超声 1 h,得到溶液 A。将 0.168 g(1 mmol)3HT 溶解于 50 mL $CHCl_3$ 溶液中,然后缓慢地倒入溶液 A 中,室温超声 30 min,得到溶液 B。将 0.649 g(4 mmol)$FeCl_3$ 溶解在 50 mL $CHCl_3$ 溶液中,然后通过分液漏斗缓慢地滴加到溶液 B 中,室温搅拌 24 h。用甲醇沉降后,离心 10 min(转速为 3 000 r/m)。将离心管中上层溶液倾倒出来后,加入去离子水,搅拌,继续离心。重复水洗、离心数次,直至上层溶液变成无色。然后将离心管和产品一起放入干燥箱,60℃真空干燥,即可得到 P3HT/MWCNT 复合粉末。

纯的 P3HT 粉末的制备工艺同上。

将所制备的 P3HT/MWCNT 复合粉末装入直径为 10 mm 模具里,室温,80 MPa 的压力下压制成块体复合材料。

3.3.3 样品表征和性能测试方法

将样品溶解在三氯甲烷中,然后用直径为 0.45 μm 的滤膜进行过滤,滤液采用 UV-Vis-NIR 分光光度计(CARY 5G)进行测试;采用 Philips TECNAI-20 型透射电镜(TEM)观测粉末样品的形貌、尺寸及结构等相关特征;样品的分子量采用凝胶渗透色谱仪测试,具体见本章 3.2.3 节叙述。X 射线衍射、红外光谱、热重、场发射扫描电子显微镜样品的制备和表征方法,以及样品电导率和 Seebeck 系数测试同第 2 章 2.3.3 节,在此不再赘述。

3.3.4 结构及形貌表征

图 3-9 为所合成的 P3HT,MWCNT 含量不同时的 MWCNT/P3HT 复合粉末的 XRD 图,以及复合粉末中 P3HT 面内噻吩环之间的距离 d_1 和 P3HT 相邻两层之间的距离 d_2 随着 MWCNT 含量的变化关系图。2θ 为 5.15°的衍射峰对应的是 P3HT 中面内噻吩环之间的距离,约为 17.131 Å。2θ 为 10.24°的微弱衍射峰对应的是 P3HT 相邻两层之间的距离,约为 8.596 Å[135]。随着 P3HT/MWCNT 复合材料中 MWCNT 含量的增加,衍射峰的位置没有发生变化,这说明 P3HT 多形态的特性(Polymorphic nature)并没有随着 MWCNT 含量的增加而改变[136]。但是 d_1 和 d_2 略微减小[图 3-9(b)],这和文献[135]的报道是一致的。

图 3-10 为合成的 P3HT 和 MWCNT 含量不同时的 MWCNT/P3HT 复合粉末的红外光谱图。在图 3-10(a)中,P3HT 薄膜所有的吸收峰都与参考文献[135]一致。3 053 cm^{-1} 和 2 955 cm^{-1} 分别归属为芳香族 $C_{\beta-H}$ 的伸缩振动峰和—CH_3 的非对称伸缩振动峰。2 922 cm^{-1} 和 2 853 cm^{-1} 为—CH_2—伸缩振动峰。1 378 cm^{-1} 为—CH_3 的弯曲振动

第3章 聚(3-己基噻吩)-无机纳米结构复合材料及其热电性能

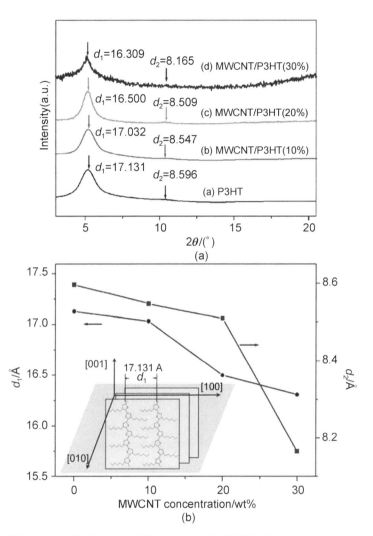

图3-9 合成的P3HT,以及MWCNT含量不同时的MWCNT/P3HT复合粉末的XRD图(a),MWCNT/P3HT复合粉末中P3HT面内噻吩环之间的距离d_1和P3HT相邻两层之间的距离d_2随着MWCNT含量的变化关系图(b),(b)中插图为P3HT面内噻吩环之间距离的示意图($d_1=17.131$ Å)

峰。[137] 1 150 cm^{-1}和720 cm^{-1}是—$(CH_2)_n$—($n\geqslant 4$)的非平面和平面的摇摆振动峰。[137] 1 455 cm^{-1}和1 508 cm^{-1}分别为噻吩环中C=C的对称伸缩振动峰和反对称伸缩振动峰。MWCNT/P3HT薄膜所有的吸

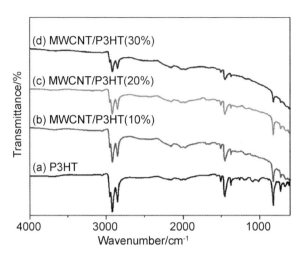

图 3-10　合成的 P3HT,以及 MWCNT 含量不同时的
MWCNT/P3HT 复合粉末的红外光谱图

收峰均与 P3HT 的吸收峰一致,只是强度有所降低。

图 3-11 为 MWCNT 粉末以及 MWCNT 含量不同时的 MWCNT/P3HT 复合粉末的热重谱图。从 TGA 曲线可以看到,所有的复合粉末都具有较好的热稳定性,在温度 600 K 时,仅有小于 3 wt% 的失重。其

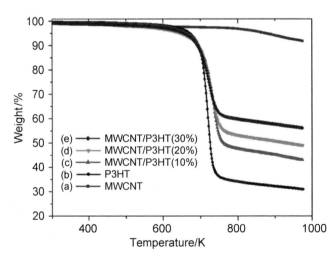

图 3-11　合成的 P3HT,以及 MWCNT 含量不同时的
MWCNT/P3HT 复合粉末的热重谱图

主要可能是所合成的 P3HT 具有较高的分子量(凝胶渗透色谱仪测试结果显示所合成的 P3HT 的重均分子量(M_w)和数均分子量(M_n)分别为 $1.7×10^5$ 和 $5.4×10^4$,多分散系数为 3.12)。MWCNT 在 300 K 到 900 K 很稳定,其主要原因是 MWCNT 的失重温度一般大于 873 K。[144] 从图 3-11 可以看出,P3HT 和 MWCNT 含量不同时的 MWCNT/P3HT 复合粉末具有几乎相同的热稳定性,这和文献[136]的报道不一致。这可能是由于在文献[136]中,MWCNT/P3HT 中 MWCNT 的含量<8 wt%,而在本章中 MWCNT 含量在10 wt%至30 wt%之间。我们 3.2.4 节的研究也发现 MWCNT 含量为 5 wt%的 P3HT/MWCNT 复合薄膜的热稳定性比 P3HT 薄膜的差。[146]

图 3-12(a)是 MWCNT 粉末,(b),(c),(d),(e)和(f)是 MWCNT 不同含量时 MWCNT/P3HT 复合粉末的 FESEM 照片,图 3-12(g)为 MWCNT 含量为 10 wt%时的 MWCNT/P3HT 复合粉末的数码照片,图 3-12(h)为图 3-12(e)中小方框区域的 EDS 图谱。可以看出,MWCNT 无论是在其纯粉末还是在 MWCNT/P3HT 复合粉末中都具有网状结构,并且均匀地分散在 P3HT 基体中。图 3-12(e)中小方框区域的 EDS 分析显示,复合材料中含有 C 和 S 元素(S 来自 P3HT),Ir 元素的吸收峰是由于测试前样品表面镀 Ir 所造成的。随着 MWCNT 含量从 10 wt%增加到30 wt%,MWCNT/P3HT 复合材料中一维结构的直径越来越小,其主要原因是 P3HT 含量减少后,每根 MWCNT 表面包覆的 P3HT 减少所造成的。

从图 3-13(a)可以看出,纯的 MWCNT 的外径约为 10~23 nm,内径为 5~10 nm,长度从 0.2~2 μm 不等。MWCNT 的长度小于制造商提供的数据,其主要原因可能是在样品制备过程中 MWCNT 被超声波超断所造成的。P3TH/MWCNT 复合材料中,MWCNT 的外径约为 80 nm,远大于纯 MWCNT 的外径。并且从图 3-13(b)中可以看出复

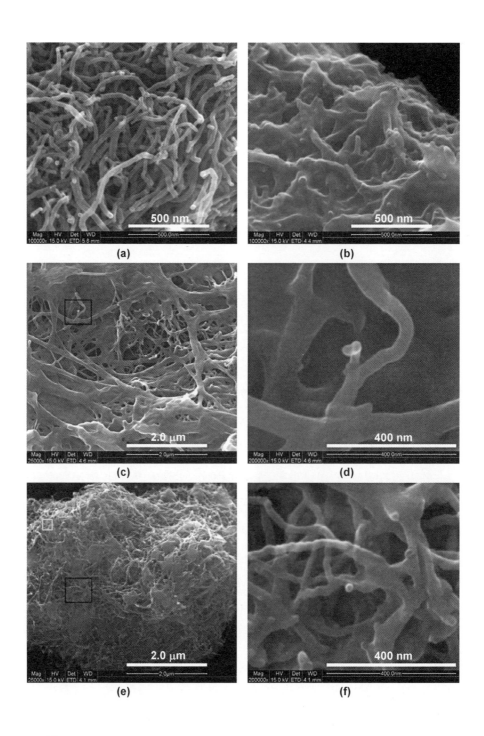

第3章 聚(3-己基噻吩)-无机纳米结构复合材料及其热电性能

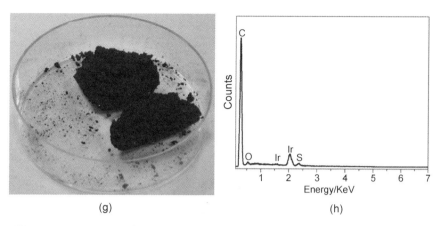

图 3-12　MWCNT 粉末(a),以及 MWCNT 不同含量(b) 10 wt%,(c) 20 wt%和(e) 30 wt%时 MWCNT/P3HT 复合粉末的 FESEM 照片。图(d)和图(f)分别为图(c)和图(e)中大方框区域放大后的 FESEM 照片。图(g)为 MWCNT 含量为 10 wt%时的 MWCNT/P3HT 复合粉末的数码照片。图(h)为图(e)中小方框区域的 EDS 图谱

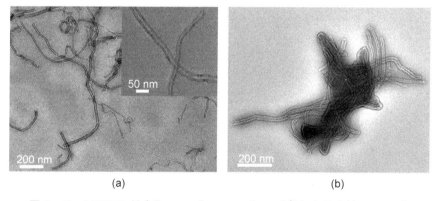

图 3-13　MWCNT 粉末和 P3TH/MWCNT (30 wt%)复合粉末的 TEM 照片

合材料 MWCNT 表面有一层衬度较浅的部分。结合 XRD, FTIR, TGA, FESEM 和 TEM 可以认为 MWCNT 表面包覆了一层 P3HT。

图 3-14 为所合成的 P3HT 以及 MWCNT 含量不同时的 MWCNT/P3HT 复合材料的紫外-可见光谱图。在共轭高分子材料中,共轭程度直接影响 π—π^* 电子跃迁,这一跃迁体现在最大吸收峰处。[147] 纯 P3HT 最大吸收峰(λ_{max})在 435 nm 处,对应于 P3HT 共轭主链

上 π—π* 电子跃迁,这和参考文献[148]的报道是一致的(434 nm)。MWCNT/P3HT 复合材料中 MWCNT 含量为 10 wt%,20 wt%和 30 wt% 时,所对应的 λ_{max} 分别为 435 nm,437 nm 和 437 nm。可以看出随着 MWCNT 含量的增加,复合材料中 λ_{max} 并没有明显的红移。这说明在原位聚合制备 MWCNT/P3HT 复合材料的工艺中,在原位聚合前 P3HT 单体分子通过物理作用吸附在 MWCNT 的表面,当聚合完成后这种相互作用依然存在但没有明显的电荷转移。[135] 图 3-14 中吸收峰的强度仅是由样品在 $CHCl_3$ 中的浓度造成的。

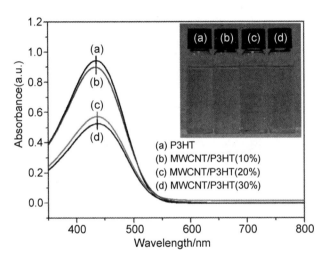

图 3-14 合成的 P3HT 以及 MWCNT 含量不同时的 MWCNT/P3HT 复合材料的紫外-可见光谱图,右上角插图为相应的溶液(溶剂为 $CHCl_3$)

光学带隙宽度可以根据 Tauc 关系式计算[149]:

$$\alpha h\nu = B(h\nu - E_g)^n \quad (3-2)$$

其中,α 为吸收系数;h 为普朗克常量;E_g 为光学带隙宽度;n 为常数,因为是直接带隙,所以 $n = 0.5$。

图 3-15 为所合成的 P3HT 以及 MWCNT 含量不同时的 MWCNT/

第3章 聚(3-己基噻吩)-无机纳米结构复合材料及其热电性能

P3HT 复合材料的 $(h\nu\alpha)^2 - h\nu$ 曲线。根据 $(h\nu\alpha)^2 - h\nu$ 曲线计算出来的 P3HT 以及 MWCNT 含量不同的 MWCNT/P3HT 复合材料光学带隙宽度分别为 (2.40 ± 0.01) eV,这一结果与参考文献[135](P3HT、双壁碳纳米管(DWCNT)/P3HT 复合材料,$2.38\sim2.39$ eV)以及参考文献[137][聚(3-辛基噻吩)、聚(3-辛基噻吩)/SWCNT,(2.36 ± 0.06) eV]的报道是一致的。

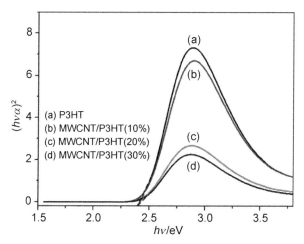

图 3-15 合成的 P3HT 以及 MWCNT 含量不同时的 MWCNT/P3HT 复合材料的 $(h\nu\alpha)^2 - h\nu$ 曲线

3.3.5 热电性能

图 3-16(a)为通过原位聚合方法制备的 MWCNT/P3HT(MWCNT 含量为 30 wt%)复合粉末冷压后块体材料的电导率、Seebeck 系数以及功率因子随温度变化的关系。在 298 K~423 K 的温度测试范围内,复合材料的电导率随着温度的升高缓慢地从 0.13 S/cm 降低到了 0.11 S/cm。温室时复合材料的电导率比采用同种方法制备的纯 P3HT 的电导率 $(10^{-6}$ S/cm)高了 5 个数量级,并且比 DWCNT/P3HT 复合材料$(8.9\times10^{-7}\sim3.4\times10^{-2}$ S/cm,DWCNT 的含量为 1 wt%~20 wt%)[135]和

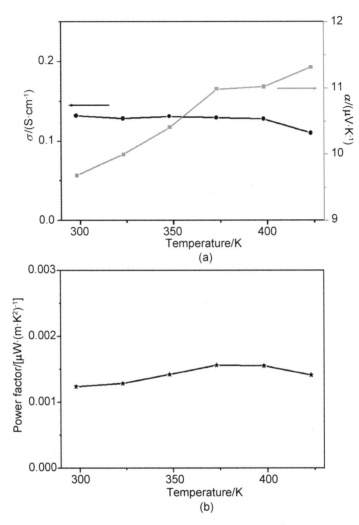

图 3-16 MWCNT/P3HT（MWCNT 含量为 30 wt%）复合块体材料的(a) 电导率和 Seebeck 系数，以及(b) 功率因子随温度变化的关系

SWCNT/聚(3-辛基噻吩)复合材料[137]（$1.1×10^{-8}$～$4.7×10^{-4}$ S/cm，SWCNT 的含量为 1 wt%～20 wt%）的电导率都高。但是室温时 MWCNT/P3HT（MWCNT 含量为 30 wt%）复合块体材料的电导率却低于 PANI/CNT 复合材料（30 S/cm，CNT 含量为 30 wt%）[60]、SWCNT/PANI 复合材料（120 S/cm，SWCNT 含量为 30 wt%）[33]、

CNT/PEDOT∶PSS 复合材料(5～105 S/cm,CNT 含量为 2.1 wt%～15 wt%)[82]以及 CNT/聚乙酸乙烯酯复合材料(0～48 S/cm,CNT 含量为 0 wt%～20 wt%)[35]。其主要原因是 P3HT 的电导率远小于 PANI 和 PEDOT∶PSS 的电导率。

在 298 K～423 K 的温度测试范围内,复合材料的 Seebeck 系数随着温度的升高缓慢地从 9.7 μV/K 增加到了 11.3 μV/K,Seebeck 系数为正表明复合材料为 P 型导电特性。室温时复合块体材料的 Seebeck 系数比纯 MWCNT 粉末冷压成块体的值略高(8.4 μV/K)。由于纯 P3HT 的电导率太低,其 Seebeck 系数采用本实验的测试方法测试不出来。室温时复合块体材料的 Seebeck 系数略低于 PANI/CNT 复合材料(13 μV/K,CNT 含量为 30 wt%)[60]、SWCNT/PANI 复合材料(15 μV/K,SWCNT 含量为 30 wt%)[33]、CNT/PEDOT∶PSS 复合材料(16～26 μV/K,CNT 含量为 2.1 wt%～15 wt%)[82]以及 CNT/聚乙酸乙烯酯复合材料(40～50 μV/K,CNT 含量为 0～20 wt%)[35]。

在测试温度小于 373 K 时,复合块体材料的功率因子随着温度的升高缓慢增大,但从 373 K 升高到 423 K 时,其功率因子开始逐渐降低。这主要是因为电导率随着温度的升高而降低所导致的。测试温度为 373 K 时,复合材料获得了最大的功率因子为 $1.56\times10^{-3}\mu$W/(m·K^2),这一数值比 PANI/CNT 复合材料[60]、SWCNT/PANI 复合材料[33]、CNT/PEDOT∶PSS 复合材料[82]以及 CNT/聚乙酸乙烯酯复合材料[17]均低。其主要原因是 P3HT 基体电导率太低造成的。考虑到 MWCNT/P3HT 复合材料的 Seebeck 系数比纯 MWCNT 的略高,因此提高聚合物基体的电导率成为增加复合材料热电性能的关键。可以通过调节 MWCNT 含量、选择合适的掺杂剂如 I_2 或者 F_4TCNQ 掺杂,以及调节掺杂剂的含量来提高复合材料的电导率,从而提高复合材料的热电性能。

3.4 原位聚合法制备 P3HT-GNs 纳米复合材料及其热电性能

在 3.3 节中,通过原位聚合法制备了 MWCNT/P3HT 复合粉末,然后将复合粉末冷压成块体,研究了 MWCNT 含量对复合块体材料热电性能的影响。研究发现通过此方法制备的 MWCNT/P3HT 复合材料的电导率较低,最终导致复合材料的功率因子较低。因此提高复合材料电导率是提高此类复合材料热电性能的首要任务。考虑到 GNs 具有比 MWCNT 高的电导率,本节中采用原位聚合方法制备了 GNs/P3HT 复合粉末,然后将复合粉末冷压成块体,研究了 GNs 含量对复合块体材料热电性能的影响。希望使用具有高电导率的无机纳米结构 GNs 作为复合材料的填充相能够提高复合材料的电导率,从而提高复合材料的热电性能。

3.4.1 原材料

多层石墨烯薄片(GNs)购买于 XG Sciences,Inc.,大小约 5 μm,厚度 6~8 nm。

其余实验中所用到的有关试剂及其纯度和来源具体见本章 3.2.1 节表 3-1,在此不再赘述。

3.4.2 原位聚合法制备 P3HT-GNs 纳米复合块体材料

将 100 mL $CHCl_3$ 加入到 500 mL 烧杯中,然后加入 GNs(GNs 质量依次为 3-己基噻吩单体质量的 10%,20%,30% 和 40%),室温超声 1 h,得到溶液 A。将 0.168 g(1 mmol) 3HT 溶解 50 mL $CHCl_3$ 溶液中,然后缓慢地倒入溶液 A 中,室温超声 30 min,得到溶液 B。将 0.649 g

(4 mmol) $FeCl_3$ 溶解在 50 mL $CHCl_3$ 溶液中,然后通过分液漏斗缓慢地滴加到溶液 B 中,室温搅拌 24 h。用甲醇沉降后,离心 10 min(转速为 3 000 r/m)。将离心管中上层溶液倾倒掉后,加入去离子水搅拌,继续离心。重复水洗、离心数次,直至上层溶液变成无色。然后将离心管和产品一起放入干燥箱,60℃ 真空干燥,即可得到 P3HT/GNs 复合粉末。图 3‑17 描述了 P3HT/MWCNT 复合薄膜的制备过程。

纯的 P3HT 粉末的制备工艺同上。

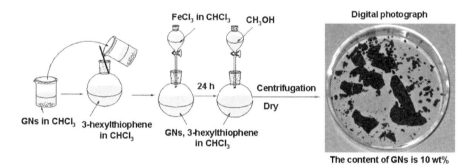

图 3‑17 GNs/P3HT 复合薄膜的制备过程示意图

将所制备的 GNs/P3HT 复合粉末装入直径为 10 mm 模具里,室温,80 MPa 压力下压制成块体复合材料。

3.4.3 样品表征和性能测试方法

紫外-可见-近红外光谱及透射电镜样品的制备和表征方法同本章 3.3.3 节叙述。X 射线衍射、红外光谱、热重、场发射扫描电子显微镜样品的制备和表征方法,以及样品 Hall 系数、电导率和 Seebeck 系数测试同第 2 章 2.3.3 节,在此不再赘述。

3.4.4 结构及形貌表征

图 3‑18 为所合成的 P3HT 以及 GNs 含量不同时 GNs/P3HT 复

合粉末的 XRD 图。2θ 为 5.15°的衍射峰对应的是 P3HT 面内噻吩环之间的距离,约为 17.13 Å。2θ 为 26.623°的衍射峰对应的是 GNs 层间距,约为 3.362 Å。随着 GNs/P3HT 复合材料中 GNs 含量的增加,衍射峰的位置没有发生变化,这说明 P3HT 多形态的特性(Polymorphic nature)并没有因为 GNs 含量的增加而改变。[136]但是随着 GNs 含量的增加,复合材料中 P3HT 所对应的 2θ 为 5.15°衍射峰的强度逐渐减弱,而 GNs 所对应的 2θ 为 26.623°衍射峰的强度逐渐增强。并且复合材料的结晶性能得到明显提高,这也表明了随着复合材料中 GNs 含量的增加,复合材料的电导率可能会提高。

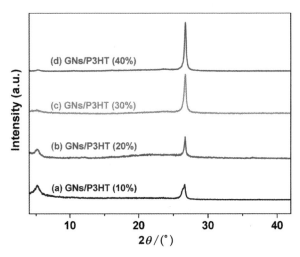

图 3-18　合成的 P3HT 以及 GNs 含量不同的 GNs/P3HT 复合粉末的 XRD 图

图 3-19 为所合成的 P3HT 以及 GNs 含量不同时 GNs/P3HT 复合粉末的红外光谱图。P3HT 和复合材料中所有吸收峰的位置均与参考文献[135]的报道一致。具体吸收峰和官能团的关系如本章 3.2.4 节或者 3.3.4 节所述,在此不再赘述。

图 3-20 为所制备的 GNs 粉末以及 GNs 不同含量时 GNs/P3HT 复合粉末的 FESEM 照片。从图 3-20(a)可以看出 GNs 具有典型的卷

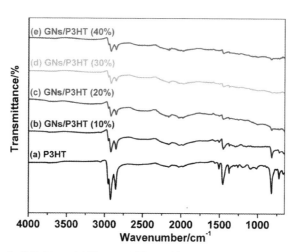

图 3‑19　合成的 P3HT 以及 GNs 含量不同的 GNs/P3HT 复合粉末的 FTIR 图

曲和层状的结构，大小约 2 μm，并且表面非常光滑。GNs 的尺寸小于制造商提供的数据，其主要原因可能是在样品制备过程中 GNs 被超声波超断所造成的。从复合材料的 FESEM 照片可以看出，GNs 的表面变得很粗糙[图 3‑20(b)—(e)]。

图 3‑20(f)为 GNs 含量为 10% 的 GNs/P3HT 复合粉末 EDS 图谱。EDS 结果显示，复合材料中含有 C 和 S 元素(S 来自 P3HT)，Ir 元素的吸收峰是由于在分析前样品表面镀 Ir 所造成的。

图 3‑21 为 GNs 以及 GNs 含量为 10 wt% 的 GNs/P3HT 复合粉末的 TEM 照片和相应的选区电子衍射花样。从图 3‑21(a)可以看出 GNs 具有典型的卷曲和片状的结构，并且表面非常光滑，其选区电子衍射花样表明 GNs 具有好的结晶性。从复合粉末的 TEM 照片可以看出，GNs 的表面变得相对粗糙[图 3‑21(b)]，其选区电子衍射花样对应 GNs 的多晶环。结合 XRD，FTIR，FESEM 以及 TEM，认为 GNs 表面成功被 P3HT 所包覆。

图 3‑22 为所合成的 P3HT 和 GNs/P3HT (10 wt% GNs)复合粉末的热重谱图，P3HT 和 GNs/P3HT 复合粉末开始分解的温度分别为

图 3-20 GNs 粉末(a)以及含(b)10 wt%,(c)20 wt%,(d)30 wt%和(e)40 wt%GNs 的 GNs/P3HT 复合粉末的 FESEM 照片。图(f)为图(b)中十字形符号区域的 EDS 图谱

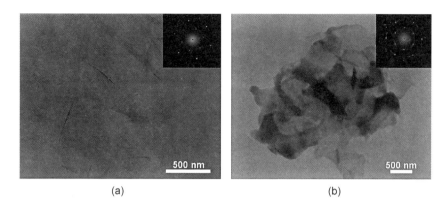

图 3-21　GNs 粉末(a),以及 GNs 含量为 10 wt%的 GNs/P3HT 复合粉末的 TEM 照片。(a)和(b)中的插图均为选区电子衍射花样

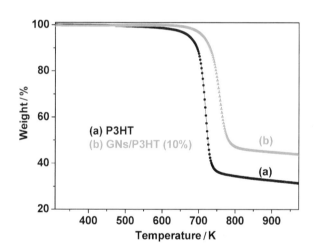

图 3-22　合成的 P3HT 和 GNs/P3HT(10 wt% GNs)复合粉末的热重谱图

664 K 和 705 K,这表明复合材料的热稳定性与 P3HT 相比有所提高,复合材料与 P3HT 间有较强的相互作用。

图 3-23 为所合成的 P3HT 和 GNs/P3HT(10 wt% GNs)复合材料的紫外-可见光谱图。在共轭高分子材料中,共轭程度直接影响 π—π^* 电子跃迁,这一跃迁体现在最大吸收峰处。[147] 纯 P3HT 最大吸收峰(λ_{max})在 435 nm 处,对应于 P3HT 共轭主链上 π—π^* 电子跃迁,这和参考文献[148]的报道是一致的(434 nm)。GNs/P3HT(10 wt%

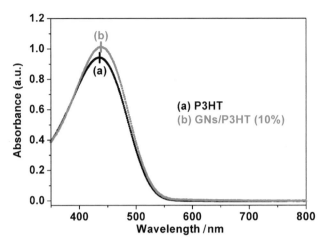

图3-23 合成的P3HT和GNs/P3HT(10 wt% GNs)复合粉末的紫外-可见光谱图(溶剂为$CHCl_3$)

GNs)复合粉末所对应的λ_{max}为438 nm。图3-23中吸收峰的强度仅是由样品在$CHCl_3$中的浓度造成的。

光学带隙宽度可以按照式(3-2)进行计算。[149]根据$(h\nu\alpha)^2 - h\nu$曲线计算出来的P3HT和GNs/P3HT(10 wt% GNs)复合材料的光学带隙宽度分别为2.40 eV和2.39 eV。复合材料的光学带隙宽度略有减小。从图3-23可以看出复合材料中λ_{max}所对应的共轭主链上π—π*电子跃迁发生了微小的红移,这主要是由于复合材料中电子离域增强造成的,电子离域增强也导致了复合材料光学带隙宽度降低。

3.4.5 热电性能

图3-24为GNs不同含量时GNs/P3HT复合块体材料的电导率和Seebeck系数,功率因子以及载流子浓度和载流子迁移速率。从图3-24(a)可以看出,随着复合材料中GNs含量从10 wt%增大到40 wt%,复合材料的电导率从$2.7×10^{-3}$ S/cm增加到了1.362 S/cm,增加了3个数量级。

第3章 聚(3-己基噻吩)-无机纳米结构复合材料及其热电性能

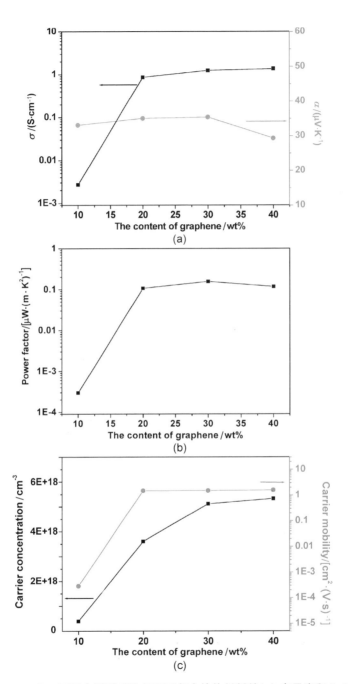

图 3-24 GNs 不同含量时 GNs/P3HT 复合块体材料的(a) 电导率和 Seebeck 系数、(b) 功率因子以及(c) 载流子浓度和载流子迁移速率

复合材料中 GNs 的含量从 10 wt%增加到 30 wt%时,其 Seebeck 系数从 33.15 μV/K 增加到 35.46 μV/K,当复合材料中 GNs 的含量增加到 40 wt%,其 Seebeck 系数降低至 29.34 μV/K,所有样品的 Seebeck 系数均为正值,表明复合材料为 P 型导电特性,这和 Hall 系数的测试结果是一致的。

当 GNs 的含量从 10 wt%增加到 30 wt%时,复合材料的电导率和 Seebeck 系数同时增大,导致复合材料的功率因子从 2.97×10^{-4} μW/(m·K^2)增加到了 0.16 μW/(m·K^2)。复合材料电导率和 Seebeck 系数同时增大的原因是,随着复合材料中 GNs 含量从 10 wt%增大到 30 wt%,复合材料中载流子迁移率迅速增大,而复合材料中的载流子浓度增加的相对缓慢造成的[图 3-24(c)]。可以看出,复合材料的功率因子仍然较低,其主要原因是 P3HT 基体的电导率太低导致的。因此增加聚合物基体的电导率成为增加复合材料热电性能的关键。可以通过调节 MWCNT 含量、选择合适的掺杂剂如 I_2 或者 F_4TCNQ 掺杂,以及调节掺杂剂的含量来提高复合材料的电导率,从而提高复合材料的热电性能。

3.5 机械化学法制备 P3HT-MWCNT 纳米复合材料及热电性能

上节中通过使用具有高电导率的无机纳米结构作为复合材料的填充相(使用 GNs 代替 MWCNT 作为复合材料的填充相)来提高复合材料的电导率,最终复合材料的最大功率因子提高了两个数量级[GNs/P3HT 的最大功率因子为 0.16 μW/(m·K^2)(30 wt% GNs),MWCNT/P3HT 的最大功率因子为 1.56×10^{-3} μW/(m·K^2)(30 wt% MWCNT)]。本节中试图通过另一种提高复合材料电导率的方法,即对聚合物基体进行掺杂,希望能够提高复合材料的电导率和热电性能。使用原位聚合方法制备 MWCNT/P3HT 和 GNs/P3HT 复合材料过程中,需要使用有机溶剂(如三氯甲烷和甲醇),会造成环境污染。为了解决这一问题,本节中采用机械化学法制备了 MWCNT/P3HT 复合粉末,冷压成块体后放入盛有 I_2 的密闭容器中进行掺杂。研究了 MWCNT 含量以及 I_2 掺杂对 MWCNT/P3HT 复合材料电导率和功率因子的影响。这种制备工艺不需要使用任何有机溶剂,因此是一种绿色、环保、简单并且适合大规模生产的方法。

3.5.1 原材料

实验中所用到的有关试剂及其纯度和来源具体见本章 3.2.1 节表 3-1,在此不再赘述。

3.5.2 机械化学法制备 P3HT-MWCNT 纳米复合块体材料

将 40 g 直径为 2 mm 的氧化锆磨球和适量三氯化铁氧化剂加入到体积为 100 mL 的氧化锆球磨罐中,然后加入 MWCNT(MWCNT 质量依次为 3-己基噻吩单体质量的 30 wt%～80 wt%),混合均匀后,滴加适量的 3-己基噻吩单体,密封球磨罐后放入球磨机中球磨,球磨工艺参数为:转速 100 rpm,时间 30 min,然后转速 500 rpm,时间 10 min。球磨结束后,将球磨罐中的球和反应物转移到烧杯中,加去离子水洗涤后,用镊子将氧化锆磨球从烧杯中取出,然后对烧杯中的黑色产物用去离子水洗涤、离心,重复水洗和离心步骤,直至离心管中上层溶液为无色,然后将离心管和产品一起放入干燥箱,60℃真空干燥。图 3-25 描述了机械化学法制备 P3HT/MWCNT 复合粉末的过程。

纯的 P3HT 粉末的制备工艺同上。

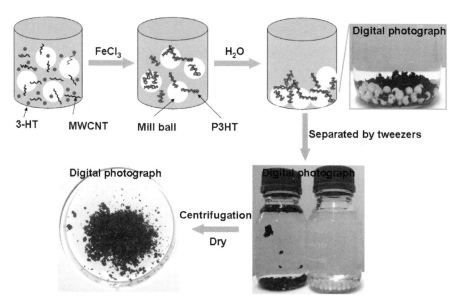

图 3‑25　P3HT/MWCNT 复合粉末的制备过程示意图

3.5.3　样品表征和性能测试方法

透射电镜样品的制备和表征方法同本章 3.3.3 节叙述。X 射线衍射、红外光谱、场发射扫描电子显微镜样品的制备和表征方法,以及样品电导率和 Seebeck 系数测试同第 2 章 2.3.3 节,在此不再赘述。

3.5.4　结构及形貌表征

图 3‑26(a)为 MWCNT 含量为 30 wt%时,通过机械化学法制备的 MWCNT/P3HT 复合粉末的红外光谱图。为了与通过化学氧化法制备的 MWCNT/P3HT 复合材料进行比较,图中给出了通过化学氧化法制备的 MWCNT/P3HT 复合粉末的红外光谱图[图 3‑26(b)]。复合材料中所有吸收峰的位置均与参考文献[135]中报道的 P3HT 的吸收峰相吻合。具体吸收峰和官能团的关系如本章 3.2.4 节或者 3.3.4 节所述,不再赘述。

第3章 聚(3-己基噻吩)-无机纳米结构复合材料及其热电性能

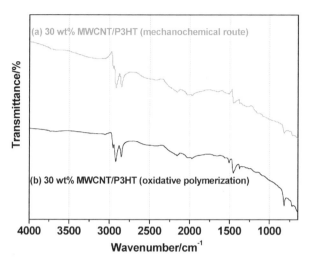

图3-26 MWCNT含量为30 wt%时,通过不同方法制备的MWCNT/P3HT复合粉末的红外光谱图,(a) 机械化学法合成,(b) 化学氧化法

图3-27是MWCNT粉末、P3HT以及MWCNT不同含量时通过机械化学法制备的MWCNT/P3HT复合粉末的FESEM照片。结合图3-13(a)可以产出,纯的MWCNT的外径为10~23 nm,长度从0.2~3 μm不等。P3HT是由许多颗粒相互聚集在一起而形成的。从图3-27(c)—(h)可以看出,MWCNT在MWCNT/P3HT复合粉末中都具有网状结构,并且均匀地分散在P3HT基体中。

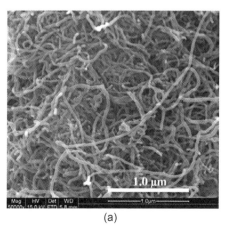

(a)

(b)

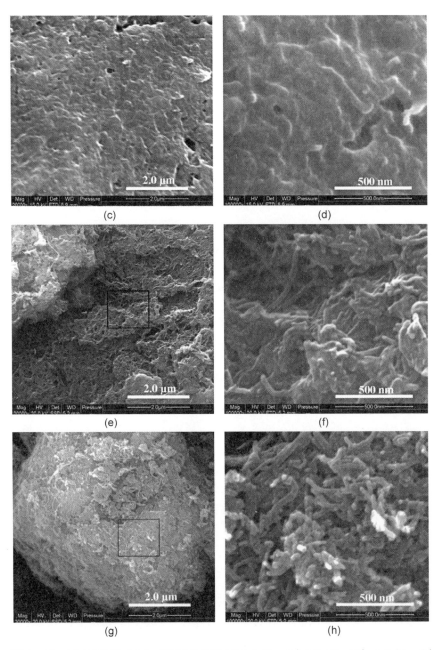

图3-27 MWCNT粉末(a)，P3HT(b)以及含(c) 30 wt%，(d) 30 wt%，(e) 50 wt% 和(g) 80 wt% MWCNT时MWCNT/P3HT复合粉末的FESEM照片。图(f)、图(h)分别为图(e)、(g)中方框区域放大后的FESEM照片

图 3-28 为 MWCNT 粉末以及 MWCNT 不同含量时 MWCNT/P3HT 复合粉末的 TEM 照片。从图 3-28(a)可以看出,纯的 MWCNT 的外径为 10~23 nm,内径为 5~10 nm。MWCNT 具有网状结构,并且均匀地分散在 P3HT 基体中。

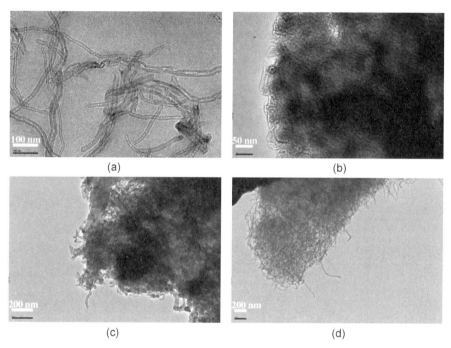

图 3-28　MWCNT 粉末(a)以及 MWCNT 含量(b) 30 wt%,(c) 50 wt%,(d) 80 wt% 时 MWCNT/P3HT 复合粉末的 TEM 照片

3.5.5　热电性能

图 3-29 为通过机械化学法制备的 MWCNT/P3HT 复合粉末冷压后块体材料的电导率、Seebeck 系数以及功率因子。随着复合材料中 MWCNT 的含量从 30 wt%增加到 80 wt%时,复合材料的电导率从 1.34×10^{-3} S/cm 增加到了 5.07 S/cm。

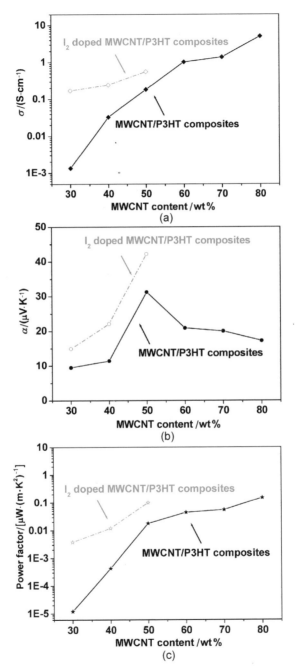

图 3-29 GNs 不同含量时 MWCNT/P3HT 复合块体材料的(a) 电导率、(b) Seebeck 系数,以及(c) 功率因子

第3章 聚(3-己基噻吩)-无机纳米结构复合材料及其热电性能

所有样品的 Seebeck 系数都是正值,表明复合材料呈 P 型导电特性。随着复合材料中 MWCNT 的含量从 30 wt%增加到 50 wt%,复合材料的 Seebeck 系数从 9.48 μV/K 增加到了 31.24 μV/K。继续增大复合材料中 MWCNT 的含量,复合材料的 Seebeck 系数逐渐降低。这主要是由于 MWCNT 的 Seebeck 系数太低造成的(室温时纯 MWCNT 粉末冷压成块体的 Seebeck 系数约为 8.4 μV/K)。

由于随着复合材料中 MWCNT 的含量从 30 wt%增加到 80 wt%时,复合材料的电导率显著增大,所以最终导致了复合材料的功率因子也显著增大[从 1.20×10^{-5} μW/(m·K^2)增加到了 0.15 μW/(m·K^2)]。当 MWCNT 的含量为 30 wt%时,通过机械化学法所制备的 MWCNT/P3HT 复合材料的电导率(0.00134 S/cm)远低于通过原位聚合法所制备的 MWCNT/P3HT 复合材料的电导率(0.134 S/cm),其主要原因可能是通过原位聚合法所制备的 MWCNT/P3HT 复合材料中 MWCNT 与 P3HT 基体之间具有更强的相互作用。

为了进一步提高复合材料的热电性能,研究试图通过碘掺杂来提高复合材料的电导率,从而提高复合材料的功率因子。通过称量掺杂前、后的质量,来计算样品中碘的掺杂量。当把冷压后 MWCNT 含量为 30 wt%,40 wt%和 50 wt%的复合块体置于含有碘的密封容器中,7 天后取出复合块体材料,发现碘的掺杂量分别为 109.3 wt%,100.0 wt% 和 90.3 wt%。对于 MWCNT 含量分别为 30 wt%,40 wt%和 50 wt% 的复合块体,掺杂前的电导率分别为 1.34×10^{-3} S/cm,3.27×10^{-2} S/cm 和 0.183 S/cm,掺杂后的电导率分别提高到了 0.172 S/cm,0.247 S/cm 和 0.563 S/cm。掺杂前的 Seebeck 系数分别为 9.48 μV/K,11.42 μV/K 和 31.24 μV/K,掺杂后的 Seebeck 系数分别提高到了 14.99 μV/K,22.11 μV/K 和 42.24 μV/K。最终功率因子从掺杂前的 1.20×10^{-5} μW/(m·K^2),4.27×10^{-4} μW/(m·K^2) 和 $1.79 \times$

$10^{-2}\mu W/(m \cdot K^2)$分别提高到了掺杂后的$3.87 \times 10^{-3}\mu W/(m \cdot K^2)$，$1.21 \times 10^{-2}\mu W/(m \cdot K^2)$和$0.10~\mu W/(m \cdot K^2)$。但是这种方法掺杂后的样品很不稳定，掺杂的碘很容易升华。在测试样品Seebeck系数的过程中，样品的加热端碘升华的速率更加迅速。但是可以看出通过对聚合物掺杂，复合材料的功率因子将会大幅度的增大。

因此若能选择合适的掺杂剂，适当的掺杂方法，调节掺杂剂的含量来对聚合物基体进行掺杂，将是提高复合材料的热电性能的一种有效途径。

3.6 本章小结

本章首次采用一种简单的原位聚合结合离心的方法制备了MWCNT/P3HT复合薄膜，并测试了其热电性能。研究表明，P3HT/MWCNT复合薄膜(5 wt% MWCNT)的电导率约为1.3×10^{-3} S/cm，Seebeck系数为$131.0~\mu V/K$。通过此方法制备的导电聚合物/CNT复合薄膜，能显著提高聚合物的电导率，同时保持较高的Seebeck系数。

通过原位聚合方法制备了MWCNT/P3HT粉末，冷压成块体材料。所合成的P3HT以及MWCNT/P3HT复合粉末的光学带隙宽度分别为(2.40 ± 0.01) eV。当MWCNT含量为30 wt%时，在298 K～423 K的温度测试范围内，复合材料的电导率随着温度的升高缓慢地从0.13 S/cm降低到了0.11 S/cm，Seebeck系数随着温度的升高缓慢地从$9.7~\mu V/K$增加到了$11.3~\mu V/K$。测试温度为373 K时，复合材料获得的最大功率因子为$1.56 \times 10^{-3}\mu W/(m \cdot K^2)$。

通过原位聚合制备了GNs/P3HT复合粉末，然后冷压成块体材料。随着复合材料中GNs含量从10 wt%增大到40 wt%，复合材料的

电导率从 2.7×10^{-3} S/cm 增加到了 1.362 S/cm。复合材料中 GNs 的含量从 10 wt%增加到 30 wt%时,其 Seebeck 系数从 33.15 μV/K 增加到 35.46 μV/K,当复合材料中 GNs 的含量增加到 40 wt%,其 Seebeck 系数降低至 29.34 μV/K。当 GNs 的含量从 10 wt%增加到 30 wt%时,复合材料的功率因子从 2.97×10^{-4} μW/(m·K^2)增加到了 0.16 μW/(m·K^2)。由此可见,通过使用具有高电导率的 GNs 作为复合材料的填充相,有利于提高复合材料的电导率和功率因子。

通过机械化学法制备的 MWCNT/P3HT 复合粉末,冷压后制备了块体材料。随着复合材料中 MWCNT 的含量从 30 wt%增加到 80 wt%时,复合材料的电导率从 1.34×10^{-3} S/cm 增加到了 5.07 S/cm。随着复合材料中 MWCNT 的含量从 30 wt%增加到 50 wt%,复合材料的 Seebeck 系数从 9.48 μV/K 增加到了 31.24 μV/K。继续增大复合材料中 MWCNT 的含量,复合材料的 Seebeck 系数逐渐降低。随着复合材料中 MWCNT 的含量从 30 wt%增加到 80 wt%,复合材料的电导率显著增大,导致了复合材料的功率因子也显著增大[从 1.20×10^{-5} μW/(m·K^2)增加到了 0.15 μW/(m·K^2)]。

为了进一步提高通过机械化学法制备的 MWCNT/P3HT 复合材料的功率因子,我们试图通过碘掺杂来提高复合材料的电导率。但是掺杂后的样品很不稳定,掺杂的碘很容易升华。通过碘掺杂后的复合材料的功率因子得到了大幅度的提高。因此若能选择合适的掺杂剂(如 I_2 或者 F_4TCNQ 掺杂)、采用适当的掺杂方法,并且调节掺杂剂的含量来对聚合物基体进行掺杂,将可显著提高复合材料的电导率和功率因子。

通过本章的分析可知,通过使用具有高电导率的无机纳米结构作为复合材料的填充相和掺杂提高聚合物基体的电导率,都是提高复合材料电导率和功率因子的有效途径。

第4章
聚苯胺-石墨烯薄片纳米复合材料及其热电性能

4.1 概 述

聚苯胺(PANI)是一种典型的具有共轭键结构的结构型电子导电聚合物,不溶于水及大多数有机溶剂,加热时直至分解仍不熔融,而且PANI本身的结构复杂。PANI的结构如图4-1所示,其结构中不但含有"苯-醌"交替的氧化形式,而且含有"苯-苯"连续的还原形式。

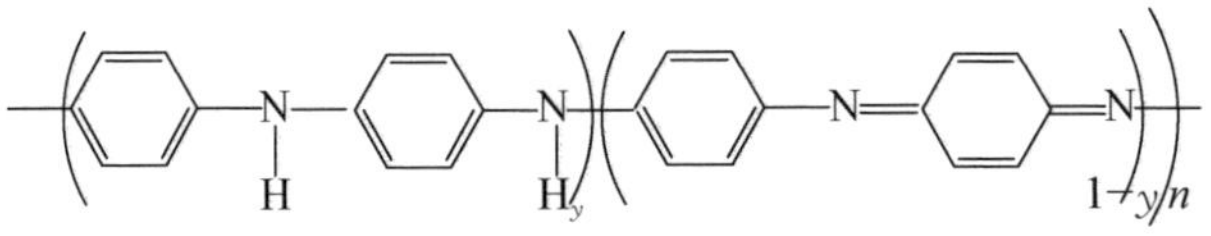

图4-1 聚苯胺的分子结构

PANI的分子结构中,y代表PANI的氧化程度,因此根据y值($0 \leqslant y \leqslant 1$)的大小,可分为全还原态($y=1$,简称LEB)、全氧化态($y=0$,简称PNB),以及中间氧化态($y=0.5$,简称EB)。通常认为$y=0.5$的中间氧化态(EB)通过质子酸掺杂后,电导率可以达到最大。

PANI可以通过电化学聚合[150-152]、界面聚合[153-156]、模板聚

第4章 聚苯胺-石墨烯薄片纳米复合材料及其热电性能

合[157]、微乳液聚合[158]以及超声辐照聚合[159]等多种方法来合成,并且其合成产物的形貌可以是颗粒、纤维、纳米管或者薄膜等。合成方法、反应条件及后处理不同时,所得产物的结构差别很大。所合成的PANI的电导率与其分子量、分子排列、氧化程度、结晶程度以及掺杂程度都有关系。[53]另外,PANI的电导率和Seebeck系数受其制备条件和温度的影响较大,其电导率可以通过优化合成条件、制备多层膜结构或者拉伸所制备的薄膜等方法来提高。同时,PANI具有非常低的热导率,其热导率受样品的制备条件、样品的电导率以及掺杂剂的影响很小。[50]因此,如果通过优化PANI的制备条件、选择合适的掺杂剂以及调节掺杂剂的浓度来同时提高其电导率和Seebeck系数,PANI的ZT值将可能会进一步提高。

石墨烯(Graphene)是由碳原子以sp^2杂化轨道组成六角型呈蜂巢晶格的平面薄膜,也就是单层石墨,它是一种完美的单层碳原子二维晶体。2004年英国曼彻斯特大学的Geim等[160]用机械剥离方法制备出了石墨烯,从那以后,全球的科研工作者对石墨烯以及石墨烯薄片(GNs)进行了广泛而深入的研究。由于石墨烯中,每个碳原子都贡献一个未成键的π电子,这些π电子与平面成垂直的方向可形成π轨道,π电子可在晶体中自由移动,因此赋予了石墨烯优异的导电性。同时石墨烯还具有许多其他优异的物理化学性质[161],如高的力学性能[162]、高热导率[5 000 W/(m·K)][163,164]、高的载流子迁移速率[200 000 cm^2/(V·s)][165]、大的比表面积(2 630 m^2/g)[166],独特的量子霍尔效应[167-169]等,已被广泛地应用到诸多领域。

因此,若能通过适当的方法制备石墨烯-导电聚合物复合热电材料,将有可能发挥石墨烯(高电导率)和导电聚合物(低热导率)各自的优点,甚至达到协同效应,从而提高复合材料的热电性能。

在3.4节我们通过原位聚合法制备了GNs/P3HT复合粉末,然后冷压成块体材料。当 GNs 的含量为 30 wt%时,复合材料获得的最大功率因子为 0.16 μW/(m·K^2)。在 3.5 节我们通过机械化学法制备了 MWCNT/P3HT 复合粉末,冷压块体材料后,对聚合物基体进行了 I$_2$ 掺杂,掺杂后的复合材料的功率因子比未掺杂前有了大幅度的提高[当 MWCNT 的含量从 30 wt%增加到 50 wt%时,掺杂前的功率因子从 1.20×10^{-5} μW/(m·K^2)增加到 1.79×10^{-2} μW/(m·K^2),掺杂后的功率因子从 3.87×10^{-3} μW/(m·K^2)增加到 0.10 μW/(m·K^2)]。

可以看出通过使用高电导率的 GNs 代替 MWCNT 作为导电高分子-无机纳米结构复合材料中的填充相,或者对聚合物基体进行掺杂均能提高复合材料的电导率和功率因子。但是由于聚合物 P3HT 基体的电导率相对较低,最终导致 P3HT 基-无机纳米结构复合热电材料的功率因子仍然较低。因此,本章中选择与 P3HT 相比具有相对较高电导率的 PANI 作为导电聚合物-无机纳米结构复合材料的聚合物基体,期望能进一步提高复合材料的电导率和热电性能。

本章中首先采用溶液混合法制备了 GNs/PANI 复合薄膜和块体热电材料。主要制备工艺是将商业化的 PANI 溶解在 N-甲基吡咯烷酮(NMP)溶液中,同时将 GNs 均匀分散在 NMP 溶液中,然后混合上述溶液并超声,最后通过浇注法制备了 GNs/PANI 复合薄膜。同时采用相同的工艺,直接干燥超声后含有 PANI 和 GNs 的 NMP 溶液,制备了 GNs/PANI 复合粉末,然后将复合粉末在室温条件下冷压成块体。研究 GNs 含量对上述复合薄膜和块体材料热电性能的影响。

在上章中通过原位聚合所制备的 MWCNT/P3HT 复合材料中,可能由于 MWCNT 与 P3HT 基体之间具有更强的相互作用,所以在相同 MWCNT 含量时,通过原位聚合法所制备的 MWCNT/P3HT 复合材料具有相对较高的电导率。考虑到通过原位聚合法制备的 GNs/PANI 复合材料中,GNs 与 PANI 之间的 π—π 相互作用应该比通过溶液混合法制备的 GNs/PANI 复合材料更强,所以更有利于提高复合材料的电导率和功率因子。因此本章同时通过原位聚合的方法制备了 GNs-PANI 复合热电材料,研究了 GNs 含量对复合材料热电性能的影响。

4.2 PANI-GNs 纳米复合材料的制备与热电性能

4.2.1 原材料

实验中所用到的有关试剂及其纯度和来源如表 4-1 所示。

表 4-1 实验中所用到的原材料

化学试剂名称	化学分子式	来　　源	备　注
聚苯胺		Sigma-Aldrich Chem. Co.	Emeraldine base
N-甲基吡咯烷酮	C_5H_9NO	Sigma-Aldrich Chem. Co.	≥99.0%
多层石墨烯薄片(GNs)		XG Sciences, Inc.	大小 5 μm,厚度 6~8 nm

4.2.2 PANI-GNs 纳米复合薄膜的制备方法

将 0.1 g PANI 粉末溶解在 10 g NMP 中,超声 1 h。然后用孔径为 0.45 μm 的滤膜过滤以除去部分未完全溶解的大颗粒。同时将适量的 GNs 溶解在 10 g NMP 中,超声 1 h。将上述两溶液按照 PANI 与 GNs 的质量比分别为 4∶1,3∶1,2∶1 和 1∶1 混合,继续超声 1 h。然后将混合溶液浇注在玻璃基片上,真空烘箱 120℃干燥 24 h,得到 PANI-GNs 复合薄膜,所得的复合薄膜的厚度为 2~5 μm。

4.2.3 PANI-GNs 纳米复合块体材料的制备方法

将 0.1 g PANI 粉末溶解在 10 g NMP 中,超声 1 h。同时将适量的 GNs 溶解在 10 g NMP 中,超声 1 h。将上述两溶液按照 PANI 与 GNs 的质量比分别为 4∶1,3∶1,2∶1 和 1∶1 混合,继续超声 1 h。最后将上述溶液放入真空烘箱 120℃干燥 24 h,得到 PANI-GNs 复合粉末,然后将复合粉体在 80 MPa 的压力下压制成块体复合材料。

4.2.4 样品表征和性能测试方法

拉曼光谱测试方法同第 3 章 3.2.3 节叙述。热重、场发射扫描电子显微镜样品的制备和表征方法,以及样品 Hall 系数、电导率和 Seebeck 系数测试同第 2 章 2.3.3 节,在此不再赘述。

4.2.5 结构及形貌表征

拉曼光谱对于石墨电子结构改变有强的响应,因此常被用做表征石墨和石墨烯的有效手段。[170] 图 4-2 为商业 PANI 和 GNs,以及 GNS 不同含量时 PANI/GNs 复合粉末的拉曼光谱图。其中,在 GNs 和 PANI/GNs 复合粉末的拉曼光谱图中,1 583 cm^{-1} 处的 G 带峰对应于石墨的 E2g 模式,它和 sp^2 碳原子的振动有关。[171] 1 358 cm^{-1} 处的 D 带对应于石墨的缺陷,2 710 cm^{-1} 处可观察到 2D 带。[170] PANI 的拉曼光谱在 1 180 cm^{-1},1 338 cm^{-1},1 507 cm^{-1} 和 1 591 cm^{-1} 位置存在 4 个特征峰,分别对应于聚苯胺中醌环中 C—H 键的弯曲振动、偶极结构中 C—N$^+$·键的伸缩振动、偶极结构中 N—H 键的弯曲振动和苯环中 C—C 键的伸缩振动。[33,171] 随着 GNs 含量的增加,PANI 所对应的 1 180 cm^{-1},1 338 cm^{-1},1 507 cm^{-1} 和 1 591 cm^{-1} 四个位置的特征峰的强度减弱,而 GNs 所对应的 1 358 cm^{-1} 和 1 583 cm^{-1} 位置的特征峰

第4章 聚苯胺-石墨烯薄片纳米复合材料及其热电性能

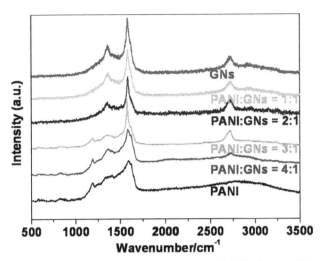

图4-2 商业PANI和GNs,以及GNS不同含量时PANI/GNs复合粉末的拉曼光谱图

的强度明显增强。

图4-3为商业PANI和GNs,以及GNs不同含量时PANI/GNs复合粉末的热重曲线。所有的样品在373 K左右都有一个微小的失重,这是由于样品表面所吸附的水挥发造成的。在373 K至500 K之间,复合材料也有一定的失重,这可能是由于复合材料中NMP的挥发造成的(复合材料制备过程中首先将PANI溶解在NMP中,同时将GNs分散在NMP中),而纯PANI和GNs在此区域相对较稳定,这是因为图4-3中所使用的PANI和GNs为商业产品(直接进行热稳定性测试)。纯PANI以及GNs不同含量时PANI/GNs复合粉末的主要失重区域在500 K和750 K之间,这和文献[170]的报道是一致的,这是由于PANI的分解造成的。GNs在303 K到973 K温度区间内相对稳定。随着PANI/GNs复合粉末中GNs含量从20 wt%增加到50 wt%(PANI：GNs从4∶1至1∶1),复合粉末的热稳定性增强。

图4-4为PANI与GNs重量比是4∶1的复合粉末冷压成块体后平行于压力方向的断面FESEM照片和复合薄膜表面的FESEM照片。

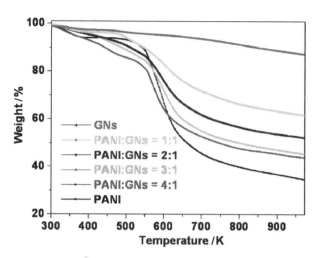

图4-3 商业PANI和GNs,以及GNs不同含量时PANI/GNs复合粉末的热重曲线

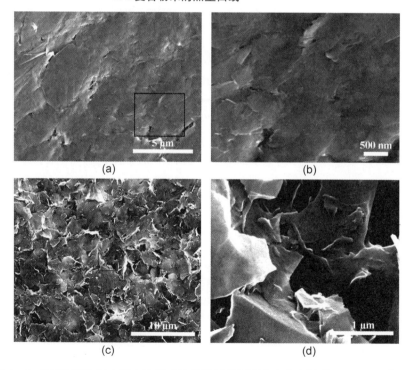

图4-4 PANI/GNs复合粉末冷压成块体后平行于压力方向断面的FESEM照片(a),复合薄膜表面的FESEM照片(c),图(b)和(d)分别是图(a)和(c)中方框区域放大后的FESEM照片

可以看出,复合材料块体断面具有均一的形貌,然而复合薄膜样品表面相对较粗糙,样品中含有很多气孔。图4-4(a)和图4-4(c)中方框区域放大后发现,GNs的表面被覆盖了一层PANI[图4-4(d)]。GNs具有典型的卷曲和层状的结构,大小2~5 μm,这和供应商所提供的数据基本一致(约5 μm)。PANI与GNs质量比为3∶1,2∶1和1∶1的样品冷压后平行于压力方向的断面的形貌,以及复合薄膜表面的形貌均分别与图4-4(a)和图4-4(c)相似,只是复合材料中GNs的含量明显增多。

4.2.6　热电性能

图4-5为室温时不同含量GNs的PANI/GNs复合块体和薄膜的电导率、Seebeck系数、功率因子($\alpha^2\sigma$)以及载流子浓度和迁移率。可以看出,随着PANI与GNs质量比从4∶1减少到1∶1,复合块体的电导率从14.76 S/cm增加到了58.89 S/cm,复合薄膜电导率从0.66 S/cm增加到了8.63 S/cm。其主要原因是GNs具有高的电导率[GNs粉末冷压成块体后的电导率为237.80 S/cm,见图4-5(a)]。复合块体的电导率比复合薄膜的高很多,其主要原因是冷压后的复合块体材料具有更致密的结构,孔洞较少[见图4-4(b)及图4-4(d)]。纯PANI冷压后的电导率小于复合块体的电导率,但是却大于复合薄膜的电导率。PANI的电导率与其分子量、分子量的分布、氧化程度、结晶程度、掺杂剂的选择及其用量都有关系。[53]复合块体最大的电导率仍小于GNs粉末冷压后的电导率,这说明,继续增大复合材料中GNs的含量,复合材料的电导率可能会进一步提高。

所有样品的Seebeck系数均为正值,说明是P型导电,这和Hall效应的测试结果是一致的。随着PANI与GNs质量比从4∶1减少到1∶1,复合块体和复合薄膜的Seebeck系数分别从20.8 μV/K增加到

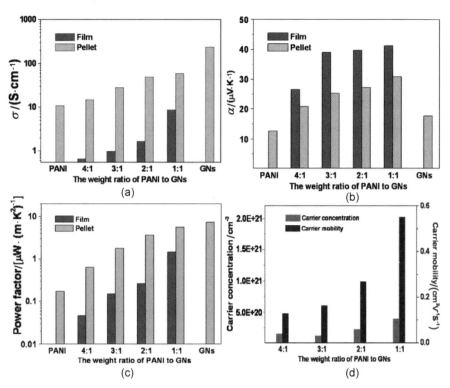

图 4-5 室温时 GNs 不同含量时 PANI/GNs 复合块体和薄膜的(a) 电导率，(b) Seebeck 系数，(c) 功率因子（$\alpha^2\sigma$）以及(d) 载流子浓度和迁移率

了 31.0 μV/K 和从 26.6 μV/K 增加到了 41.3 μV/K。复合薄膜比复合块体具有更高的 Seebeck 系数[图 4-4(b)]，其主要原因是复合薄膜中具有较多的孔洞，增大了对载流子的散射。[172]

P 型半导体的 Seebeck 系数可由式(4-1)计算[173]：

$$\alpha = \frac{k_B}{q}\left[r + 2 + \ln\frac{2(2\pi m^* k_B T)^{3/2}}{h^3 n}\right] \qquad (4-1)$$

电导率可由式(4-2)计算：

$$\sigma = nq\mu_H \qquad (4-2)$$

其中，n 为载流子浓度，q 为电子电荷，μ_H 为载流子迁移速率，r 为散射参

第4章 聚苯胺-石墨烯薄片纳米复合材料及其热电性能

数,m^* 为载流子有效质量,k_B 为玻耳兹曼常数,h 是普朗克常数。

一般来说增大载流子浓度,电导率会增大,但是 Seebeck 系数将减小。然而在本实验中,可以看出随着 PANI 与 GNs 质量比从 4∶1 降低到 1∶1,复合块体材料和复合薄膜的电导率与 Seebeck 系数同时增加。产生这种现象的主要原因可能是 GNs 具有高的载流子迁移速率[GNs 粉末冷压后的载流子迁移速率为 259.6 $cm^2/(V \cdot S)$],当 GNs 在复合材料中的含量增加时,复合材料的载流子迁移速率大幅度增大,而载流子浓度的变化并不显著。

复合薄膜的 Hall 效应测试证明这种假设[图 4-5(d)]。可以看出,随着 GNs 在复合材料中的含量增加时,复合材料的载流子迁移速率大幅度增大,而载流子浓度的变化并不显著。

到目前为止,HCl 掺杂的 PANI[48],β-萘磺酸掺杂的 PANI 纳米管[51],拉伸后的 PANI 薄膜[52]以及四氟四氰基醌二甲烷掺杂的 P3HT 薄膜中分别观察到了电导率和 Seebeck 系数同时增大的现象。其主要原因是聚合物中的电子结构被调制到了一个适当的态密度和费米能级[71]。当聚合物的分子链排列有序度提高后,载流子的迁移速率随之增大,最终导致电导率和 Seebeck 系数同时增大。这与拉伸后的 PANI 薄膜的电导率和 Seebeck 系数同时增大的原因是一致的。[52]

由于当 PANI 与 GNs 质量比从 4∶1 降低到 1∶1,复合块体材料和复合薄膜的电导率与 Seebeck 系数同时增加,所以复合块体材料和复合薄膜的功率因子也随着增大,复合块体材料从 0.64 $\mu W/(m \cdot K^2)$ 增加到了 5.6 $\mu W/(m \cdot K^2)$,复合薄膜则从 0.05 $\mu W/(m \cdot K^2)$ 增加到了 1.47 $\mu W/(m \cdot K^2)$[图 4-5(c)]。复合块体材料最大的功率因子[5.6 $\mu W/(m \cdot K^2)$]比已经报道的 PANI/PbTe 复合块体材料[0.7 $\mu W/(m \cdot K^2)$][61]、石墨/PANI 复合块体材料[1.5 $\mu W/(m \cdot K^2)$][62]、PANI/CNT 复合块体材料 [5.0 $\mu W/(m \cdot K^2)$][60] 以及 PANI/

$NaFe_4P_{12}$ 复合块体材料[0.002 μW/(m·K^2)][37]都要高。但是比 PANI/单壁碳纳米管复合块体材料(SWCNT)[20.0 μW/(m·K^2)][33]和 PANI/$Bi_{0.5}Sb_{1.5}Te_3$ 复合块体材料[90.0 μW/(m·K^2)][57]低。其主要原因是在 PANI/SWCNT(41.4 wt% SWCNT)复合块体材料中,聚合物分子链的排列变得更加有序,增强了 PANI 和 SWCNT 之间的 π—π 相互作用,从而提高了复合材料中的载流子迁移速率。并且 SWCNT 具有很高的电导率。而在 PANI/$Bi_{0.5}Sb_{1.5}Te_3$ 复合块体材料中,$Bi_{0.5}Sb_{1.5}Te_3$ 的含量很高(>93 wt%),远高于本实验中 GNs 的含量(50 wt%)。另外,PANI 具有非常低的热导率,且其在 PANI-GNs 复合材料中的含量≥50 wt%,所以 PANI-GNs 复合材料将可能具有很低的热导率。

4.3 原位聚合法制备 PANI‐GNs 纳米复合块体材料及其热电性能

4.3.1 原材料

实验中所用到的有关试剂及其纯度和来源如表 4-2 所示。

表 4-2 实验中所用到的原材料

化学试剂名称	化学分子式	来源	备注
苯胺	$C_6H_5NH_2$	国药集团化学试剂有限公司	≥99.5%
盐酸	HCl	国药集团化学试剂有限公司	36%~38%
多层石墨烯薄片(GNs)		XG Sciences, Inc.	大小约 5 μm,厚度 6~8 nm
过硫酸铵	$(NH_4)_2S_2O_8$	国药集团化学试剂有限公司	≥98%

4.3.2 原位聚合法制备 PANI-GNs 纳米复合块体材料

将 100 mL 1 M 的盐酸溶液加入 500 mL 烧杯中,然后加入 GNs(GNs 质量依次为苯胺单体质量的 10%,20%,30% 和 40%),室温超声 1 h,得到溶液 A。将 2 g 苯胺单体加入到 50 mL 1 M 的盐酸溶液中,然后倒入溶液 A 中,室温超声 30 min,得到溶液 B。将 4.91 g 过硫酸铵溶解在 50 mL 1 M 的盐酸溶液中,然后通过分液漏斗缓慢地滴加到溶液 B 中,室温搅拌 24 h 后,离心 10 min(转速为 3 000 r/m)。将离心后的离心管中上层溶液倒掉后,加入 1 M 的盐酸溶液,搅拌,继续离心。重复用 1 M 的盐酸溶液洗涤、离心数次,直至上层溶液变成无色。然后将离心管和产品一起放入干燥箱,60℃真空干燥,即可得到 PANI/GNs 复合粉末。纯的 PANI 粉末与 HCl 掺杂的 PANI 粉末的制备工艺同上。图 4-6 为 GNs/PANI 复合粉末的制备过程示意图。

将所制备的 PANI/GNs 复合粉末装入直径为 10 mm 模具中,室

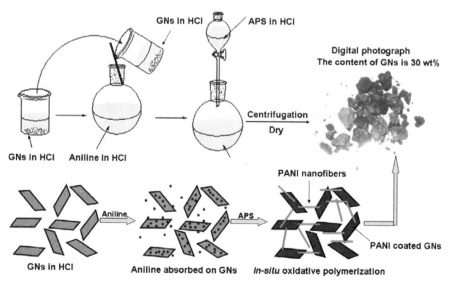

图 4-6 GNs/PANI 复合粉末的制备过程示意图

温,80 MPa 左右的压力下冷压成块体复合材料。

4.3.3 样品表征和性能测试方法

透射电镜样品的制备和表征方法同第 3 章 3.3.3 节叙述。X 射线衍射、红外光谱、场发射扫描电子显微镜样品的制备和表征方法,以及样品电导率和 Seebeck 系数测试同第 2 章 2.3.3 节,在此不再赘述。

4.3.4 结构及形貌表征

图 4-7(a)和图 4-7(b)分别是 HCl 掺杂的 PANI 和 GNs 含量 30 wt% 的 GNs/PANI 复合粉末的红外光谱图。1 570 cm^{-1} 和 1 490 cm^{-1} 处的吸收峰分别对应于醌环和苯环的伸缩振动,1 296 cm^{-1} 峰对应于苯环上 C—N 键的伸缩振动,1 128 cm^{-1} 为芳香族 C—H 键的面内弯曲振动,800 cm^{-1} 为 1,4 取代苯环上 C—H 键的面外弯曲振动。与本征态的聚苯胺的红外光谱图相比[174],HCl 掺杂的 PANI 的红外光谱图中吸收峰的位置均向低频方向移动,这主要是由于掺杂使聚合物分子链上电子

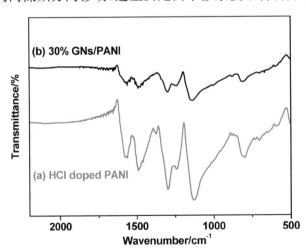

图 4-7 (a) HCl 掺杂的 PANI,以及(b) GNs 含量 30 wt% 的 GNs/PANI 复合粉末的红外光谱图

云密度下降,降低了原子间的力常数,结果导致了各个吸收峰都向低频方向移动。同时,掺杂后的吸收峰宽度增大,也说明了电子在分子链上有较好的离域作用。GNs 含量为 30 wt%的 GNs/PANI 复合材料和 HCl 掺杂的 PANI 的红外光谱图相比,吸收峰的位置没有发生变化,但是吸收峰的强度略有降低。

图 4-8 为 GNs 以及 GNs 含量为 30 wt%时 GNs/PANI 复合粉末的 XRD 图。纯的 GNs 中[图 4-8(a)],2θ 为 26.62°衍射峰对应的是 GNs 层间距,约为 3.362 Å。GNs/PANI 复合粉末中 2θ 为 23.88°所对应的衍射峰为 HCl 掺杂后的 PANI 的衍射峰,说明 HCl 掺杂后的 PANI 有一定的结晶性,但是可以看出其结晶性仍相对较差。

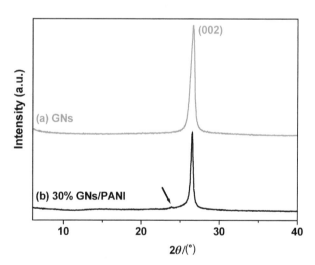

图 4-8 GNs 粉末(a),以及 GNs 含量为 30 wt%的 GNs/PANI 复合粉末(b)的 XRD 图

图 4-9 为 GNs 粉末以及 GNs 含量为 30 wt%的 GNs/PANI 复合粉末的 FESEM 照片。从图 4-9(a)可以看出 GNs 具有典型的片状结构,大小约 2 μm,并且表面非常光滑。从复合材料的 FESEM 照片可以看出,复合材料中 PANI 主要有两种形貌:一种是直径 35～100 nm,长

度1～3 μm的纳米纤维；另一种是直径25～70 nm的小颗粒均匀地覆盖在GNs表面。产生这种现象可能的主要原因是，当苯胺单体加入到分散有GNs的1 M HCl溶液中，由于静电作用，部分苯胺单体吸附在GNs表面，当氧化剂过硫酸铵加入以后，吸附到GNs表面的苯胺单体在GNs表面形成核，最后形成直径25～70 nm的小颗粒均匀地覆盖在GNs表面，而没有吸附到GNs表面的苯胺单体直接聚合成PANI纳米纤维。GNs不同含量的GNs/PANI复合粉末的FESEM照片均和图4-9(b)类似。复合材料中所形成的PANI纳米纤维，更有利于电子的传导，从而有利于提高复合材料的电导率。

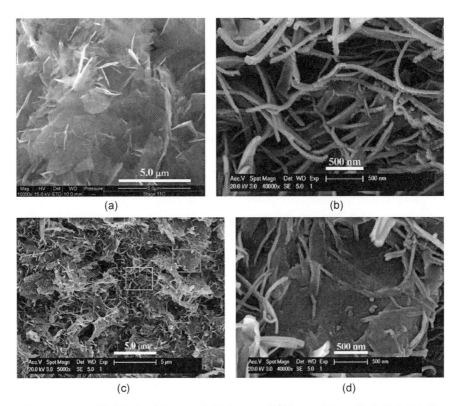

图4-9 GNs粉末(a)，以及GNs含量为30 wt%的GNs/PANI复合粉末(b)的FESEM照片，图(c)和图(d)分别为图(b)中浅灰色方框和深灰色方框区域放大的FESEM照片

图 4-10 为 GNs 粉末以及 GNs 含量为 30 wt%的 GNs/PANI 复合粉末的 TEM 照片。从图 4-10(a)可以看出所合成的 PANI 具有纤维状的结构，但是其长度明显小于 FESEM 观测的结果(1～3 μm)，其主要原因是 TEM 样品制备过程中使用了大功率的超声设备进行了超声，结果 PANI 纤维被超断。从图 4-10(b)可以看出 GNs 具有典型片状的结构，并且其表面被 PANI 纤维以及 PANI 小颗粒所覆盖。

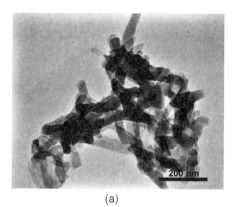 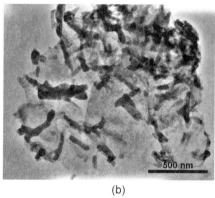

(a)　　　　　　　　　　　　　　(b)

图 4-10　GNs 粉末(a)，以及 GNs 含量为 30 wt%的 GNs/PANI 复合粉末(b)的 TEM 照片

4.3.5　热电性能

图 4-11 为室温时通过化学氧化法制备的 GNs 不同含量的 GNs/PANI 复合块体的电导率、Seebeck 系数以及功率因子($\alpha^2\sigma$)。为了进行比较，图中同时给出了通过溶液混合法制备的 GNs/PANI 复合块体和薄膜的热电性能。由图 4-11(a)可以看出通过原位聚合法和溶液混合法制备的复合块体以及复合薄膜的电导率均随着复合材料中 GNs 含量的增大而增大。通过原位聚合法制备的 HCl 掺杂的 PANI 冷压后的块体室温时的电导率(15.42 S/cm)略高于商品化的 PANI 冷压后块体的电导率(10.86 S/cm)。随着复合材料中 GNs 含量的增加，通过原位聚合法制备的复合块体材料的电导率迅速增大，其主要原因是 GNs 具有

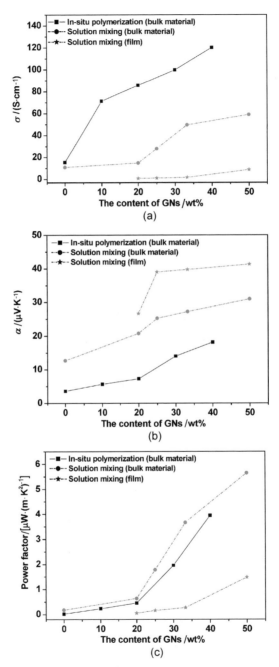

图 4-11 室温时 GNs 不同含量时,通过不同合成方法所制备的 GNs/PANI 复合块体和薄膜的(a) 电导率,(b) Seebeck 系数以及(c) 功率因子($\alpha^2\sigma$)

高的电导率(GNs 粉末冷压成块体后的电导率为 237.80 S/cm)。当 GNs 的含量为 40 wt%时,采用原位聚合法制备的复合材料具有的最大电导率为 120.1 S/cm。这一数值远远高于通过溶液混合方法制备的 PANI/GNs 复合块体(GNs 含量为 50 wt%时电导率为 58.89 S/cm)和复合薄膜的最高电导率(GNs 含量为 50 wt%时电导率为 8.63 S/cm)。产生这种现象的主要原因可能是:① 通过原位聚合方法制备的 PANI/GNs 复合材料,增强了 PANI 和 GNs 之间的 π—π 相互作用;② 由于 PANI 形成了纳米纤维,使得聚合物分子链的排列变得更加有序,并且 PANI 纤维的存在更有利于 GNs 薄片之间载流子的传输。

所有样品的 Seebeck 系数均为正值,说明是 P 型导电。随着复合材料中 GNs 含量的增大,通过原位聚合法制备的 PANI/GNs 复合块体以及通过溶液混合法制备的 PANI/GNs 复合块体和复合薄膜的 Seebeck 系数均增大,这与复合材料电导率的变化趋势是一致的。这可能是由于随着复合材料中 GNs 含量的增大,复合材料的载流子迁移率增大造成的。通过溶液混合法制备复合薄膜具有最高的 Seebeck 系数,其主要原因是复合薄膜中具有较多的空洞,增大了载流子在界面的散射。[172]

随着复合材料中 GNs 含量的增大,通过原位聚合法制备的 PANI/GNs 复合块体以及通过溶液混合法制备的 PANI/GNs 复合块体和复合薄膜的电导率和 Seebeck 系数均同时增大,最终导致复合材料的功率因子快速增大。通过原位聚合法制备的 PANI/GNs 复合块体材料的功率因子略低于通过溶液聚合制备的 PANI/GNs 复合块体材料,其主要原因是通过溶液混合制备的 PANI/GNs 复合块体材料具有相对较高的 Seebeck 系数。当 GNs 含量为 40 wt%时,通过原位聚合制备的 PANI/GNs 复合块体的功率因子为 $3.9\ \mu W/(m \cdot K^2)$。考虑到通过原位聚合制备的 GNs/PANI 复合块材料的电导率和 Seebeck 系数均随着 GNs 含量的增大而增大,因此若进一步提高复合材料中 GNs 的含量,将有可能进一步提高复合材料的功率因子。另外,由于 PANI 具有非常低的热导率,并且其在 PANI - GNs 复合材料中的含量≥50 wt%,所以 GNs/PANI 复合材料将可能具有很低的热导率。

4.4 本章小结

本章通过一种非常简单的方法——溶液混合法制备了 PANI/GNs 复合块体材料和复合薄膜。随着复合材料中 GNs 含量的增加,复合块体材料和复合薄膜的电导率及 Seebeck 系数同时增加。产生这种现象的原因是复合材料的载流子迁移速率大幅度增大,而载流子浓度的变化并不显著。当 PANI/GNs 复合块体材料中 GNs 的含量为 50 wt%时,获得了最大的功率因子[5.6 μW/(m·K^2)]。这是第一次报道 PANI/GNs 复合材料的热电性能。可以看出,增大复合材料中的载流子迁移速率是提高有机-无机纳米复合材料热电性能的一种有效途径。这是一种制造成本相对较低,可以大规模生产并且可以应用到别的导电高分子聚合物-无机纳米结构复合材料的制备方法。

本章同时通过原位聚合方法制备了 PANI/GNs 复合块体材料,复合块材料的电导率和 Seebeck 系数均随着 GNs 含量的增大而增大,当 PANI/GNs 复合块体材料中 GNs 的含量为 40 wt%时,获得了最大的功率因子[3.9 μW/(m·K^2)]。

考虑到 PANI 具有非常低的热导率,因此进一步提高复合材料中 GNs 含量,将有可能进一步提高复合材料的热电性能。

通过本章的分析可知,选择与 P3HT 相比具有相对较高电导率的 PANI 作为导电聚合物-无机纳米结构复合材料的聚合物基体,通过溶液混合法和原位聚合方法制备的 GNs/PANI 复合块体材料的最大功率因子[分别为 $5.6\ \mu W/(m\cdot K^2)$ 和 $3.9\ \mu W/(m\cdot K^2)$]均比第 3 章通过原位聚合法制备的 GNs/P3HT 复合块体材料的最大功率因子[$0.16\ \mu W/(m\cdot K^2)$]有了大幅度的提高。因此,可以看出,聚合物基体的选择对于提高导电聚合物-无机纳米结构复合材料功率因子和热电性能具有重要意义。

第5章
聚3,4-乙撑二氧噻吩-无机纳米结构复合材料及其热电性能

5.1 概　　述

由于导电聚合物以及它们的衍生物具有热导率低、质轻、价廉、容易合成和加工成型等优点,是有潜力的热电材料。因此,越来越多的研究人员开始关注导电聚合物-无机纳米结构复合热电材料。[33,35,60-61,82,85,115,175-183]

炭黑(Carbon black,CB)是一种价格低廉、含量丰富的黑色粉末状的无定形碳。[184]炭黑经常被用作聚合物的导电填充相,其导电机理是炭黑聚集体在聚合物中相互接触形成网络状通道而导电。[185]

碳纳米管(CNTs),具有优良的电传导、热传导和机械性能,并且CNTs具有中空的结构,有利于提高复合材料的热电性能。[134]Yu等[35]于2008年首次报道了在碳纳米管-聚合物复合热电材料中,随着CNT含量的增加,复合材料的电导率显著增大,而Seebeck系数和热导率的变化却并不明显。这就使通过提高CNT-聚合物复合材料的电导率来提高复合材料的热电性能有了可能。

第5章 聚3,4-乙撑二氧噻吩-无机纳米结构复合材料及其热电性能

Bi_2Te_3 及其合金[186-200]是目前在室温附近性能最优越的商用热电材料,也是研究最早、最为成熟的热电材料之一。属于斜方晶系,R-3m 空间群,六方层状结构。Bi_2Te_3 晶体结构可用六方晶胞简单地将其晶体结构表示成三个单元的组合,每个单元由 5 个原子层依照-Te(1)-Bi-Te(2)-Bi-Te(1)-的顺序堆叠而成。Bi 层和 Te 层之间,以及每层内的原子之间均是通过共价键结合,而 Te 层与 Te 层之间通过范德华键相连,因此,单晶 Bi_2Te_3 容易沿着 Te-Te 层开裂,在沿着垂直于 c 轴的方向发生解理。图 5-1 为 Bi_2Te_3 晶体结构示意图。

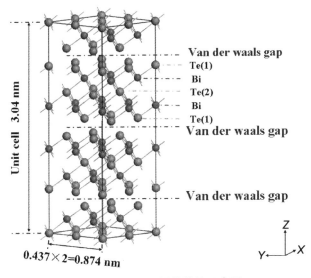

图 5-1 Bi_2Te_3 晶体结构示意图

考虑到掺杂后的 PEDOT:PSS 具有比 PANI,P3HT 以及 PTH 均高的电导率,因此,若将 CB,CNT 以及 Bi_2Te_3 分别与掺杂后的具有高导电率的 PEDOT:PSS 进行复合,将可能发挥无机材料高电导率以及 PEDOT:PSS 高电导率、低热导率的特点,甚至产生协同效应,从而进一步提高 PEDOT:PSS 基复合材料的热电性能。在第 2 章我们讨论过,通过原位聚合法所制备的导电聚合物-无机纳米结构复合材料中,无

机纳米结构在聚合物基体中的分散效果可能会更好。但是若使用原位聚合法来制备导电聚合物-Bi_2Te_3 复合材料时,必须使用氧化剂(如 $FeCl_3$)氧化单体使其聚合成导电聚合物,但在这过程中 Bi_2Te_3 纳米结构也很容易被氧化。因此,不能通过原位聚合法制备 PEDOT-Bi_2Te_3 复合材料,只能采用溶液混合法或者机械混合法制备 PEDOT-Bi_2Te_3 复合材料。

但是 CB,CNT 以及 Bi_2Te_3 这三种无机材料中,CB 及 CNT 通过适当处理后均能有效地分散在水溶液中,只有 Bi_2Te_3 在水溶液中不能有效地分散。所以到目前为止,仍没有有效的方法制备 Bi_2Te_3-PEDOT:PSS 复合材料。令人振奋的是,Ren 等[201]报道了一种通过水热工艺剥离 Bi_2Te_3 方法,并且他们认为剥离后的 Bi_2Te_3 可以有效地分散在乙醇溶液中。因此,若能按照他们的水热工艺制备出 Bi_2Te_3 的乙醇分散液,就可以与 PEDOT:PSS 的水溶液混合后分别通过浇注法和旋涂法制备厚度为微米级及纳米级的 Bi_2Te_3-PEDOT:PSS 复合薄膜,为制备厚度为微米级及纳米级的热电器件做准备。

基于以上研究思路,本章重点研究了通过 DMSO 对两种不同电导率的 PEDOT:PSS 进行掺杂,从而分别提高了 PEDOT:PSS 薄膜的电导率。然后通过旋涂法制备了 CB-PEDOT:PSS 及 MWCNT-PEDOT:PSS 复合薄膜,并分别研究了 CB 和 MWCNT 含量对所制备的 CB-PEDOT:PSS 和 MWCNT-PEDOT:PSS 复合薄膜热电性能的影响。同时,采用 Ren 等[201]报道的工艺对水热合成的 Bi_2Te_3 纳米结构进行了剥离,制备了剥离后的 Bi_2Te_3 的乙醇分散液,然后分别通过浇注法和旋涂法制备了 Bi_2Te_3-PEDOT:PSS 复合薄膜。分别研究了 Bi_2Te_3 含量对浇注法和旋涂法制备的 Bi_2Te_3-PEDOT:PSS 复合薄膜热电性能的影响。

最后,采用 Ren 等[201]报道的工艺对 P 型商业产品 Bi_2Te_3 块体材料进行了剥离,制备了剥离后的 Bi_2Te_3 的乙醇分散液,然后分别通过浇注法和旋涂法制备了 Bi_2Te_3 - PEDOT∶PSS 复合薄膜。分别研究了 Bi_2Te_3 含量对浇注法和旋涂法制备的 Bi_2Te_3 - PEDOT∶PSS 复合薄膜热电性能的影响。

5.2 旋涂法制备 CB - PEDOT∶PSS 纳米复合薄膜及其热电性能

5.2.1 原材料

实验中所用到的有关试剂及其纯度和来源如表 5-1 所示。

表 5-1 实验中所用到的原材料

化学试剂名称	化学分子式	来源	备注
二甲亚砜	C_2H_6OS	国药集团化学试剂有限公司	≥99%
硫酸	H_2SO_4	国药集团化学试剂有限公司	95.0%~98.0%
过氧化氢	H_2O_2	国药集团化学试剂有限公司	≥30%
聚 3,4-乙撑二氧噻吩-聚苯乙烯磺酸(PEDOT∶PSS)		Sigma - Aldrich Chem. Co.	PEDOT 0.5 wt% PSS 0.8 wt% 电导率 1 S/cm
炭黑(CB)		ChromaScape, Inc.	CB 含量为 22%,分散在水中

5.2.2 旋涂法制备 CB - PEDOT∶PSS 纳米复合薄膜

玻璃基片的清洗:将玻璃基片切成 2 cm×2 cm 大小,在丙酮溶液中超声 15 min,然后使用混酸溶液(体积比,98% H_2SO_4∶30% H_2O_2=7∶3)氧化 1 h,最后用去离子水清洗,干燥后备用。

DMSO 掺杂的 PEDOT∶PSS 薄膜的制备：将不同质量的 DMSO 依次加入到 10 g PEDOT∶PSS 溶液中，配制成 DMSO 含量分别为 5 wt%，10 wt%，15 wt% 和 20 wt% 的 PEDOT∶PSS 溶液。将上述混合溶液室温超声 1 h 后，用孔径为 0.45 μm 的滤膜过滤。然后旋涂在清洗过的玻璃基板上(旋涂工艺参数为：转速为 1 000 r/m，时间为 60 s；然后转速为 2 000 r/m，时间为 60 s)。将旋涂好的薄膜 60℃ 真空干燥 1 h。

纯的 PEDOT∶PSS 薄膜的制备方法同上。

CB-PEDOT∶PSS 纳米复合薄膜的制备：将配制好的 DMSO 含量为 10 wt% 的 PEDOT∶PSS 混合溶液室温超声 1 h 后，用孔径为 0.45 μm 的滤膜过滤。分别取上述溶液 10 g，加入不同含量的 CB，配制成 CB 含量不同的 PEDOT∶PSS 溶液，室温超声 1 h 后，旋涂在清洗过的玻璃基板上(旋涂工艺参数为：转速为 1 000 r/m，时间为 60 s；然后转速为 2 000 r/m，时间为 60 s)。将旋涂好的复合薄膜 60℃ 真空干燥 1 h。

5.2.3 样品表征和性能测试方法

采用 XP-plus stylus profilometer 测量薄膜的厚度。测试结果显示所旋涂的 CB-PEDOT∶PSS 复合薄膜厚度为 90～120 nm；采用原子力显微镜(AFM)观察样品表面粗糙度；场发射扫描电子显微镜样品的制备和测试方法，以及样品 Hall 系数、电导率和 Seebeck 系数测试同第 2 章 2.3.3 节，在此不再赘述。

5.2.4 结构及形貌表征

图 5-2 描述了 DMSO 掺杂量对 PEDOT∶PSS 薄膜电导率的影响。可以看出，随着 DMSO 含量从零增加到 10 wt%，PEDOT∶PSS 薄膜电导率迅速增加，其主要原因是 DMSO 加入后，PEDOT∶PSS 分子链

第5章 聚3,4-乙撑二氧噻吩-无机纳米结构复合材料及其热电性能

排列变得更加有序。[74,202] 当 DMSO 含量高于 10 wt% 后，PEDOT：PSS 薄膜电导率缓慢减少。当 DMSO 含量为 10 wt% 时，PEDOT：PSS 薄膜的电导率获得的最大值为 36.2 S/cm，这一数值比纯 PEDOT：PSS 薄膜的 0.003 2 S/cm 高了四个数量级。因此，本章所制备的 CB‐PEDOT：PSS 复合薄膜中，DMSO 的掺杂量均为 10 wt%。

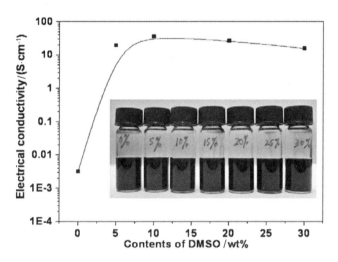

图 5‐2　DMSO 掺杂量对 PEDOT：PSS 薄膜电导率的影响，右下角插图为 DMSO 不同掺杂量时的 PEDOT：PSS 溶液

图 5‐3 为 DMSO 掺杂的 PEDOT：PSS 薄膜、CB 含量分别为 2.52 wt% 和 8.90 wt% 的 CB‐PEDOT：PSS 复合薄膜的 FESEM 照片，以及 CB 含量分别为 2.52 wt% 的 CB‐PEDOT：PSS 复合薄膜的 AFM 照片。可以看出 DMSO 掺杂的 PEDOT：PSS 薄膜表面非常平整，且具有均一的形貌[见图 5‐3(a)]。然而 CB 含量分别为 2.52 wt% 和 8.90 wt% 的 CB‐PEDOT：PSS 复合薄膜的表面就相对较粗糙，并且能看到 CB 聚集在一起[图 6‐2(b)—(e)]。其主要原因是 CB 通常容易堆积成聚集体，这和参考文献[203]的报道是一致的。图 5‐3(f) 和图 5‐3(g) 显示了 CB 在 PEDOT：PSS 中的分布状态，可以看出 CB 也是

堆积在一起的。AFM 软件计算结果显示 CB 含量为 2.52 wt%的复合薄膜表面粗糙度为 21.4 nm。当 CB 含量大于 2.52 wt%时,随着复合薄膜中 CB 含量的增大,复合薄膜的形貌没有发生明显的变化,但是复合薄膜表面的粗糙度却逐步增大。

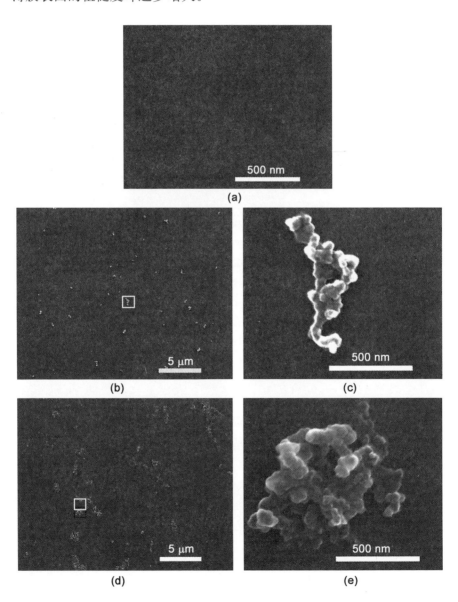

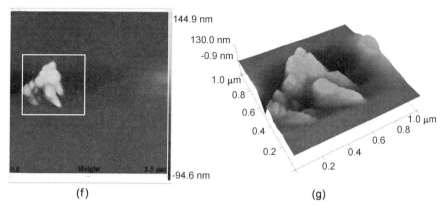

图 5-3 DMSO 掺杂的 PEDOT：PSS 薄膜(a),CB 含量分别为 2.52 wt%(b)和 8.90 wt%(d)的 CB-PEDOT：PSS 复合薄膜的 FESEM 照片。(c)和(e)分别为(b)和(d)中方框区域的放大。(f)为 CB 含量是 2.52 wt%的 CB-PEDOT：PSS 复合薄膜的 AFM 照片,(g)为(f)中方框区域的高倍 AFM 照片

5.2.5 热电性能

表 5-2 为室温下 CB 含量不同时,CB-PEDOT：PSS 复合薄膜的载流子浓度、迁移速率和 Hall 系数。可以看出,当 CB 含量超过 2.52 wt%时,复合薄膜的载流子浓度显著下降,但是载流子迁移速率基本保持不变。

表 5-2 室温下 CB 含量不同时,CB-PEDOT：PSS 复合薄膜的载流子浓度、迁移速率和 Hall 系数

CB concentration	n/cm^{-3}	$\mu_H/[\text{cm}^2 \cdot (\text{V} \cdot \text{s})^{-1}]$	$R_H/(\text{cm}^3 \cdot \text{C}^{-1})$
2.52	3.7974E+21	8.9496E−02	1.6438E−03
5.60	6.4654E+21	4.8718E−02	9.6547E−04
8.90	1.1519E+21	7.1408E−02	5.4188E−03
11.16	6.6960E+20	5.9836E−02	9.3223E−03

图 5-4 为 CB 含量不同时，CB-PEDOT∶PSS 复合薄膜的电导率和 Seebeck 系数，以及功率因子。可以看出，当 CB 含量为 2.52 wt%时，复合薄膜具有最高的电导率。其主要原因是，该样品具有最高的载流子迁移速率。当 CB 含量从 5.60 wt%增加到 11.16 wt%时，复合薄膜的电导率逐渐下降，这主要是由于复合薄膜的载流子浓度显著下降，而载流子迁移速率变化不大所造成的（表 5-2）。另外，随着 CB 含量的增大，复合薄膜表面的粗糙度也随之增大，这也是导致复合薄膜电导率下降的另一个原因。

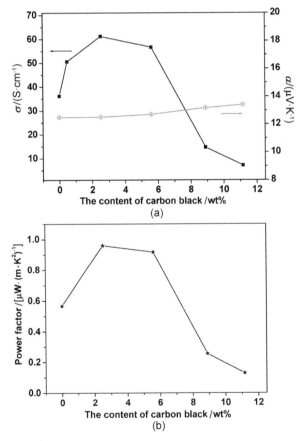

图 5-4 CB 含量不同时，CB-PEDOT∶PSS 复合薄膜的电导率和 Seebeck 系数(a)，以及功率因子(b)

第5章 聚3,4-乙撑二氧噻吩-无机纳米结构复合材料及其热电性能

CB含量为2.52 wt%的复合薄膜室温时的电导率(61.20 S/cm)比相同工艺条件下制备的DMSO掺杂的PEDOT：PSS薄膜的电导率(36.17 S/cm)增加了近一倍,并且高于CB粉末冷压后的块体的电导率(12.06 S/cm)。这一数值同时也高于PEDOT：PSS/Te复合薄膜(19.3 S/cm)[83],但是却比PEDOT：PSS/SWCNT复合材料(280～400 S/cm)[82]以及PEDOT：PSS(Clevios PH1000)/Bi_2Te_3复合材料(55～250 S/cm)[71]低。其主要原因是：第一,SWCNT和Bi_2Te_3的电导率均高于CB；第二,PEDOT：PSS/SWCNT[82]以及PEDOT：PSS(Clevios PH1000)/Bi_2Te_3[71]复合材料中所使用的PEDOT：PSS均是H. C. Stark公司新生产的产品,该产品的电导率可达945 S/cm(如：当DMSO的掺杂量为5 wt%,其电导率可达945 S/cm,这一数值为本实验中所使用的PEDOT：PSS原材料经过5 wt%的DMSO掺杂后的电导率的50倍)。

随着CB含量从0增加到11.16 wt%,复合薄膜的Seebeck系数略有增加(从12.51 μV/K增加到13.41 μV/K),Seebeck系数为正值表明复合薄膜为P型导电特性,这和表5-2中的Hall系数测试结果是一致的。复合薄膜Seebeck系数略有增加的主要原因是随着复合薄膜中CB含量的增大,复合薄膜表面的粗糙度增大所造成的[172]。室温时,复合薄膜的Seebeck系数高于相同工艺条件下制备的DMSO掺杂的PEDOT：PSS薄膜(12.51 μV/K),以及CB粉末冷压后的块体(5.58 μV/K)。但是却低于PEDOT：PSS/Te复合薄膜(163 μV/K)[83]、PEDOT：PSS/SWCNT复合材料(21 μV/K)[82]和PEDOT：PSS/Bi_2Te_3(-125～150 μV/K)复合材料的最大值[71]。

从图5-4(b)可以看出,随着CB含量从零增加到11.16 wt%,复合薄膜的功率因子先增大后减小,这是由于随着CB含量的增大,复合薄膜的电导率先增大后减小,而Seebeck系数增大得并不明显所造成的。当CB含量为2.52 wt%时,复合薄膜室温下具有最大的功率因子

约为 $0.96\,\mu\text{W}/(\text{m}\cdot\text{K}^2)$,这一数值比相同工艺条件下所制备的 DMSO 掺杂的 PEDOT∶PSS 薄膜$[0.57\,\mu\text{W}/(\text{m}\cdot\text{K}^2)]$以及 CB 粉末冷压成块体的功率因子$[0.04\,\mu\text{W}/(\text{m}\cdot\text{K}^2)]$均高。但是却低于 PEDOT∶PSS/Te 复合薄膜[83]、PEDOT∶PSS/SWCNT 复合材料[82]以及 PEDOT∶PSS (Clevios PH1000)/Bi_2Te_3 复合材料[71]的功率因子。这主要是因为本实验中所使用的原材料 PEDOT∶PSS 和 CB 均具有低的电导率。

5.3 旋涂法制备 MWCNT‑PEDOT∶PSS 纳米复合薄膜及其热电性能

5.3.1 原材料

多壁碳纳米管(MWCNT,2.1 wt%,分散在水中)购买于南京先丰纳米材料科技有限公司。聚 3,4‑乙撑二氧噻吩‑聚苯乙烯磺酸(PEDOT∶PSS,简称 PH1000,Solid content∶1.0%~1.3%)购买于 H.C.Stark 公司。其余实验中所用到的有关试剂及其纯度和来源见本章 5.2.1 表 5‑1。

5.3.2 旋涂法制备 MWCNT‑PEDOT∶PSS 纳米复合薄膜

玻璃基片的清洗:将玻璃基片切成 2 cm×2 cm 大小,在丙酮溶液中超声 15 min,然后用混酸溶液(体积比,98% H_2SO_4∶30% H_2O_2 = 7∶3)氧化 1 h,最后用去离子水清洗,干燥后备用。

MWCNT‑PEDOT∶PSS 纳米复合薄膜的制备:将配制好的 DMSO 含量为 10 wt%的 PEDOT∶PSS 混合溶液室温超声 1 h 后,用直径为 0.45 μm 的滤膜过滤。分别取上述溶液 10 g,依次加入不同质量的 MWCNT,配制成 MWCNT 含量分别为 10 wt%,20 wt%和 30 wt%的

PEDOT∶PSS溶液,室温超声1 h后,旋涂在清洗过的玻璃基板上(旋涂工艺参数为：转速为1 000 r/m,时间为60 s;然后转速为2 000 r/m,时间为60 s)。将旋涂好的复合薄膜60℃真空干燥1 h。

纯的PEDOT∶PSS薄膜的制备方法同上。

5.3.3　样品表征和性能测试方法

采用XP-plus stylus profilometer测试薄膜的厚度,结果显示所旋涂的CB-PEDOT∶PSS复合薄膜厚度为90～120 nm;场发射扫描电子显微镜样品的制备和测试方法、电导率和Seebeck系数测试同第2章2.3.3节,在此不再赘述。

5.3.4　结构及形貌表征

图5-5为DMSO掺杂的PEDOT∶PSS薄膜,以及MWCNT含量分别为10 wt%、20 wt%和30 wt%的MWCNT-PEDOT∶PSS复合薄膜的FESEM照片。可以看出经DMSO掺杂的PEDOT∶PSS薄膜表面非常平整,且具有均一的形貌[图5-5(a)和图5-5(b)]。从MWCNT-PEDOT∶PSS复合薄膜的FESEM照片可以看出,MWCNT均匀分散在PEDOT∶PSS基体中。随着MWCNT含量的增大,复合薄膜表面变得越来越粗糙。

5.3.5　热电性能

图5-6为MWCNT含量不同时,MWCNT-PEDOT∶PSS复合薄膜的电导率和Seebeck系数以及功率因子。可以看出,DMSO掺杂的PEDOT∶PSS的薄膜的电导率最高,达到了765.9 S/cm。在本节中,原材料PEDOT∶PSS使用的是H. C. Starck公司的新产品PH1000,该产品具有高的电导率。因此,当DMSO的掺杂量为10 wt%时,PH1000

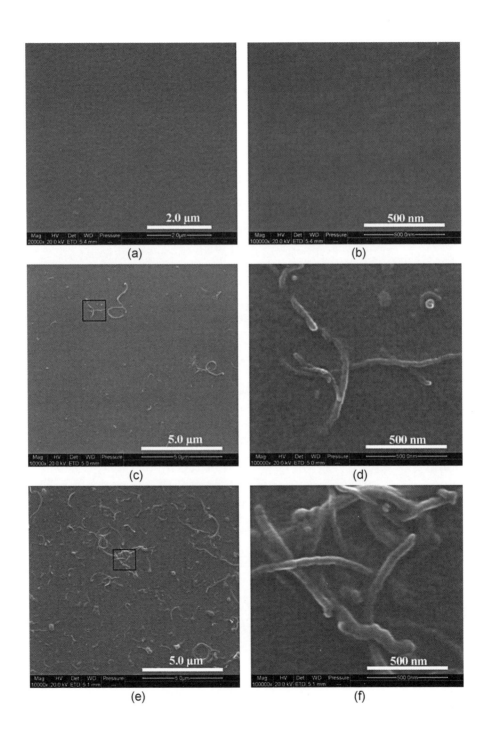

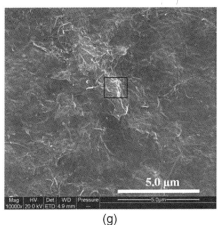 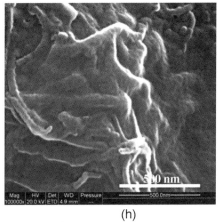

(g)　　　　　　　　　　　　　　(h)

图 5-5　(a)和(b)为 DMSO 掺杂的 PEDOT∶PSS 薄膜,(c),(e)和(g)为 MWCNT 含量分别为 10 wt%,20 wt%和 30 wt%的 MWCNT-PEDOT∶PSS 复合薄膜的 FESEM 照片。(d),(f)和(h)分别为(c),(e)和(g)中方框区域的放大

薄膜的电导率(765.9 S/cm)是上一节中所使用的低电导率的 PEDOT∶PSS 薄膜最大电导率的(36.2 S/cm)20 多倍。

当 MWCNT 含量从零增加到 30 wt%时,复合薄膜的电导率逐渐下降(从 765.9 S/cm 降低到了 346.6 S/cm),这主要是由于随着 MWCNT 含量的增大,复合薄膜表面的粗糙度也随之增大所造成的。同时,与 DMSO 掺杂的 PEDOT∶PSS 薄膜相比,MWCNT 具有相对较低的电导率也是导致复合薄膜电导率下降的另一个原因。

虽然随着 MWCNT 含量的增大,复合薄膜的电导率大幅度地降低,但是当 MWCNT 含量低于 20%时,复合薄膜的电导率仍高于 PEDOT∶PSS/Te 复合薄膜(19.3 S/cm)[83]、PEDOT∶PSS/SWCNT 复合材料(280~400 S/cm)[82]、PEDOT∶PSS (Clevios PH1000)/Bi_2Te_3 复合材料(55~250 S/cm)[71]、PEDOT∶PSS/$Ca_3Co_4O_9$ (50~135 S/cm)[84]以及上一节所制备的 CB-PEDOT∶PSS 复合薄膜(CB 含量为 2.52 wt%时,复合薄膜室温时的电导率最大为 61.20 S/cm)的电导率。

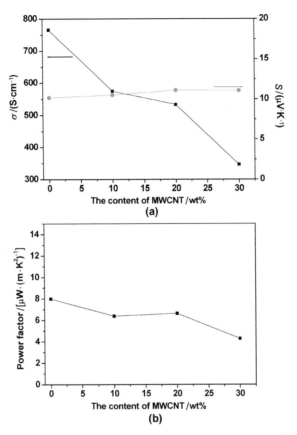

图 5-6 MWCNT 含量不同时，MWCNT-PEDOT∶PSS 复合
薄膜的电导率和 Seebeck 系数(a)，以及功率因子(b)

随着 MWCNT 含量从零增加到 30 wt%，复合薄膜的 Seebeck 系数微弱地增加(从 10.2 μV/K 增加到 11.1 μV/K)，Seebeck 系数为正值表明复合薄膜呈 P 型导电特性。复合薄膜 Seebeck 系数略有增加的原因是随着复合薄膜中 MWCNT 含量的增大，复合薄膜表面的粗糙度增大所造成的[172]。室温时，复合薄膜的 Seebeck 系数低于 PEDOT∶PSS/$Ca_3Co_4O_9$ 复合材料的 Seebeck 系数最大值(1~18 μV/K)[84]，PEDOT∶PSS/Te 复合薄膜(163 μV/K)[83]、PEDOT∶PSS/SWCNT 复合材料(21 μV/K)[82]以及 PEDOT∶PSS/Bi_2Te_3(-125~150 μV/K)复合材

料的 Seebeck 系数[71]。

从图 5-6(b)可以看出,随着 MWCNT 含量从零增加到 30 wt%,复合薄膜的功率因子呈现明显下降趋势[从 7.99 $\mu W/(m \cdot K^2)$ 降低到了 4.28 $\mu W/(m \cdot K^2)$],这是由于随着 MWCNT 含量的增大,复合薄膜的电导率显著下降,而 Seebeck 系数增大得并不明显所造成的。

MWCNT-PEDOT：PSS 复合薄膜的功率因子远大于上一节所制备的 CB-PEDOT：PSS 复合薄膜[0.96 $\mu W/(m \cdot K^2)$]以及 PEDOT：PSS/$Ca_3Co_4O_9$ 复合材料[0.1~4 $\mu W/(m \cdot K^2)$][84]的功率因子,但是却低于 PEDOT：PSS/Te 复合薄膜[70.9 $\mu W/(m \cdot K^2)$][83]、PEDOT：PSS/SWCNT 复合材料[14~25 $\mu W/(m \cdot K^2)$][82]以及 PEDOT：PSS(Clevios PH1000)/Bi_2Te_3 复合材料[0~131 $\mu W/(m \cdot K^2)$][71]的功率因子的最大值。这是由于随着 MWCNT 含量的增大,复合薄膜的电导率显著下降,而 Seebeck 系数增大得并不明显所造成的。

本节所使用的 PEDOT：PSS 为 H.C.Stark 公司的新产品 PH1000,此产品具有很高的电导率。将其和 MWCNT 复合后,复合材料的电导率显著下降,但 Seebeck 系数增加得却相对缓慢,这可能是由于 MWCNT 具有较低的 Seebeck 系数所造成的(MWCNT 粉末冷压成块体后的 Seebeck 系数约为 8.4 $\mu V/K$)。因此,若使用具有高 Seebeck 系数的无机材料和 PH1000 进行复合来制备复合材料,其热电性能将有可能进一步提高。

5.4 Bi_2Te_3(水热法合成)-PEDOT：PSS 纳米复合薄膜的制备及其热电性能

5.4.1 原材料

氢氧化锂一水(LiOH·H_2O,≥95%)购买于国药集团化学试剂有限公司;丙酮(CH_3COCH_3,≥99.5%)购买于上海振兴化工一厂;聚3,4-乙撑二氧噻吩-聚苯乙烯磺酸(PEDOT∶PSS,简称PH1000,Solid content:1.0%～1.3%)购买于H. C. Stark公司。其余实验中所用到的有关试剂及其纯度和来源见第2章2.3.1节表2-4和本章5.2.1节表5-1。

5.4.2 Bi_2Te_3(水热法合成)-PEDOT∶PSS纳米复合薄膜的制备

(1) 浇注法制备Bi_2Te_3-PEDOT∶PSS纳米复合薄膜

Bi_2Te_3纳米粉末的制备:具体见2.2.2节,在此不再赘述。

Bi_2Te_3纳米粉末的剥离:将60 mL LiOH·H_2O的乙醇溶液(LiOH·H_2O的含量为8 g/L)加入到体积为100 mL的反应釜内胆中,然后将适量水热合成的Bi_2Te_3纳米粉末加入到上述溶液中。将反应釜内胆装入反应釜中,密封反应釜,置于200℃的炉子中保温24 h,自然冷却至室温,离心,用丙酮洗涤。然后将洗涤后的黑色产物分散在去离子水中进行剥离,用多孔聚偏二氟乙烯滤膜进行过滤(孔径为0.45 μm),最后将过滤后的产物置于60℃真空烘箱中保温6 h后得到黑色产物。

Bi_2Te_3乙醇分散溶液的制备:将干燥后的0.1 g Bi_2Te_3纳米粉末分散在10 mL乙醇溶液中,超声30 min,备用。

玻璃基片的清洗:将玻璃基片切成1.5 cm×1.5 cm大小,在丙酮溶液中超声15 min,然后使用混酸溶液(体积比:98% H_2SO_4∶30% H_2O_2=7∶3)氧化1 h,最后用去离子水清洗,干燥后备用。

Bi_2Te_3-PEDOT∶PSS纳米复合薄膜的制备:将配制好的DMSO含量为10 wt%的PEDOT∶PSS混合溶液室温超声1 h后,用直径为0.45 μm的滤膜过滤。分别取上述溶液5 g,依次加入不同质量的Bi_2Te_3的乙醇分散溶液,配制成Bi_2Te_3相对于PEDOT∶PSS固含量分别为

2.09 wt%、4.10 wt%、7.87 wt%和9.65 wt%的PEDOT∶PSS溶液,室温超声1 h后,滴加到清洗过的玻璃基板上,60℃真空干燥4 h。

(2) 旋涂法制备Bi_2Te_3-PEDOT∶PSS纳米复合薄膜

Bi_2Te_3纳米粉末的制备、Bi_2Te_3纳米粉末的剥离、Bi_2Te_3乙醇分散溶液的制备、玻璃基片的清洗工艺同上。

Bi_2Te_3-PEDOT∶PSS纳米复合薄膜的制备:将配制好的DMSO含量为10 wt%的PEDOT∶PSS混合溶液室温超声1 h后,用孔径为0.45 μm的滤膜过滤。分别取上述溶液5 g,依次加入不同质量的Bi_2Te_3的乙醇分散溶液,配制成Bi_2Te_3相对于PEDOT∶PSS固含量分别为2.09 wt%、4.10 wt%、7.87 wt%和9.65 wt%的PEDOT∶PSS溶液,室温超声1 h后,旋涂在清洗过的玻璃基板上(旋涂工艺参数为:转速3 000 rpm,时间60 s)。将旋涂好的复合薄膜60℃真空干燥1 h。

5.4.3 样品表征和性能测试方法

透射电镜样品的制备和表征方法同第3章3.3.3节叙述。场发射扫描电子显微镜样品的制备和测试方法,以及样品电导率和Seebeck系数测试同第2章2.3.3节,在此不再赘述。

5.4.4 结构及形貌表征

图5-7(a)和图5-7(b)分别为Bi_2Te_3纳米粉末的水溶液,以及纳米粉末剥离后的水溶液经过超声分散后静置5 h以后的照片。可以看出,未经剥离的Bi_2Te_3纳米粉末在乙醇中的分散性很差,而经过剥离的Bi_2Te_3纳米粉末其分散性相对较好。图5-7(c)为剥离后的Bi_2Te_3水溶液经过聚偏二氟乙烯滤膜过滤后的照片。图5-7(d)为剥离后的Bi_2Te_3水溶液经过聚偏二氟乙烯滤膜过滤,干燥以后的照片。干燥后的Bi_2Te_3很容易从聚偏二氟乙烯滤膜上面分离出来。

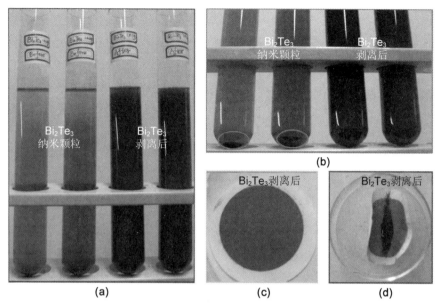

图 5-7　(a)和(b)分别为 Bi_2Te_3 纳米粉末的水溶液,和纳米粉末经过剥离后的水溶液超声分散后静置 5 h 后的照片,(c)为剥离后的 Bi_2Te_3 水溶液经过聚偏二氟乙烯滤膜过滤后的照片,(d)为滤膜干燥后的照片

图 5-8 为通过浇注法和旋涂法制备的 Bi_2Te_3 - PEDOT∶PSS 纳米复合薄膜的照片,可以看出复合材料具有很好的成膜性能。通过浇注法制备的复合薄膜可以从玻璃表面揭下来,膜具有很好的柔韧性。通过旋涂法制备的复合薄膜很透明[图 5-8(d)]。

图 5-9 为水热合成的 Bi_2Te_3 纳米粉末、剥离后的 Bi_2Te_3 纳米粉末,以及通过浇注法和旋涂法制备的 Bi_2Te_3 - PEDOT∶PSS 纳米复合薄膜的 FESEM 照片。从图 5-9(a)和图 5-9(b)可以看出,剥离前后样品的形貌没有发生显著的变化。图 5-9(a)—(f)为采用浇注法制备的 Bi_2Te_3 - PEDOT∶PSS 纳米复合薄膜的 FESEM 照片,其中(c)和(d)中 Bi_2Te_3 的含量为 4.10 wt%,(e)和(f)中 Bi_2Te_3 的含量为 9.65 wt%,可以看出通过浇注法制备的 Bi_2Te_3 - PEDOT∶PSS 纳米复合薄膜的表面粗糙度随着 Bi_2Te_3 含量的增大而显著增大[图 5-9(c)和(e)]。图 5-9(c)中箭头

第5章 聚3,4-乙撑二氧噻吩-无机纳米结构复合材料及其热电性能

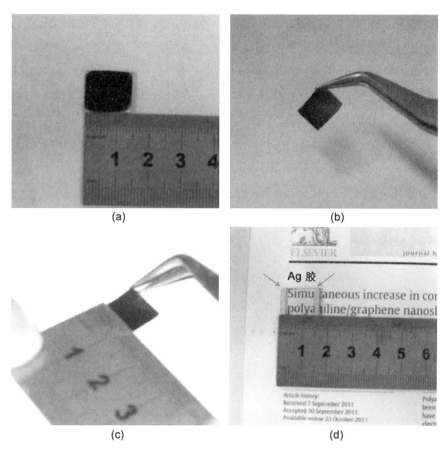

图5-8 (a),(b)和(c)分别为通过浇注法制备 Bi_2Te_3 - PEDOT：PSS 纳米复合薄膜的照片,其中(a)为复合薄膜在玻璃基板上,(b)和(c)分别为从玻璃基板上揭下来的复合薄膜。(d)为通过旋涂法制备的 Bi_2Te_3 - PEDOT：PSS 纳米复合薄膜的照片。其中 Bi_2Te_3 的含量均为 **7.87 wt%**

所指的突出部分可能为 Bi_2Te_3 纳米薄片,在浇注的过程中,其表面被 PEDOT：PSS 所覆盖。图5-9(d)为(c)样品断面的 FESEM 照片,从样品的断面 FESEM 照片中可以较清晰地看到复合材料含有 Bi_2Te_3 纳米薄片。图5-9(f)右上角处的插图为图(e)样品断面的 FESEM 照片,可以看出此样品的厚度为 $2.93\ \mu m$。图5-9(g)和图5-9(h)为采用旋涂法制备的 Bi_2Te_3 - PEDOT：PSS 纳米复合薄膜的 FESEM 照片,Bi_2Te_3 的含

量为 4.10 wt%。比较图 5-9(c),(d)和(g),(h)可以清楚地看到,与通过浇注法制备的复合薄膜相比,通过旋涂法制备的复合薄膜表面相对较粗糙,其主要原因可能是剥离后的 Bi_2Te_3 仍然不能完全分散在乙醇中造成的。从图 5-9(h)中可以看到,旋涂后的复合薄膜表面有 Bi_2Te_3 纳米薄片,且 Bi_2Te_3 纳米薄片表面被 PEDOT∶PSS 所覆盖,但是其和 PEDOT∶PSS 基体的结合并不是很好。

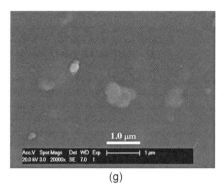
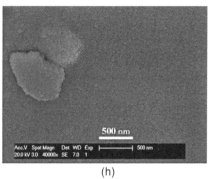

(g)   (h)

图 5-9 水热合成的 Bi_2Te_3 纳米粉末(a),剥离后的 Bi_2Te_3 纳米粉末(b)的 FESEM 照片。(c),(d),(e)和(f)为采用浇注法制备的 Bi_2Te_3 -PEDOT∶PSS 纳米复合薄膜的 FESEM 照片,其中图(c)和(d)Bi_2Te_3 的含量为 4.10 wt%,图(d)是(c)样品断面的 FESEM 照片,图(e)和(f)中 Bi_2Te_3 的含量为 9.65 wt%,图(f)是(e)中方框区域放大后的 FESEM 照片,图(f)右上角处的插图为图(e)样品断面的 FESEM 照片。图(g)和(h)为采用旋涂法制备的 Bi_2Te_3 -PEDOT∶PSS 纳米复合薄膜的 FESEM 照片,Bi_2Te_3 的含量为 4.10 wt%

图 5-10 为水热合成的 Bi_2Te_3 纳米粉末经剥离后的 TEM 照片。从图 5-10 可以看出,水热合成的片状结构的 Bi_2Te_3 很容易进行剥离,而 Bi_2Te_3 纳米棒状以及纳米颗粒很难进行剥离。从图 5-10(c)中的选区电子衍射花样可以看出,剥离后的片状 Bi_2Te_3 的生长方向与其晶体结构基面平行。参考文献[201]中,所使用的 Bi_2Te_3 原料为微米级的,而本节中所使用的 Bi_2Te_3 原料为通过水热方法制备的纳米粉末,其中

(a)   (b)

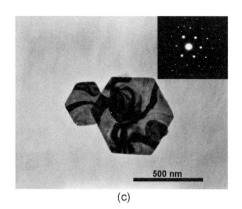

(c)

图 5-10 剥离后的 Bi_2Te_3 纳米粉末的 TEM 照片。(c)图中插图为剥离后的 Bi_2Te_3 纳米粉末的选区电子衍射花样

主要有纳米棒、纳米片以及纳米颗粒。由于 Bi_2Te_3 纳米棒状以及纳米颗粒很难进行剥离,所以这也导致了剥离后的 Bi_2Te_3 不能完全均匀分散在乙醇中,结果直接影响了复合薄膜的热电性能。

5.4.5 热电性能

图 5-11 为 Bi_2Te_3 含量不同时,通过浇注法和旋涂法制备的 Bi_2Te_3-PEDOT∶PSS 复合薄膜的电导率和 Seebeck 系数以及功率因

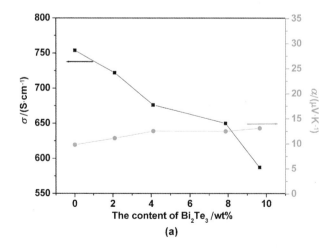

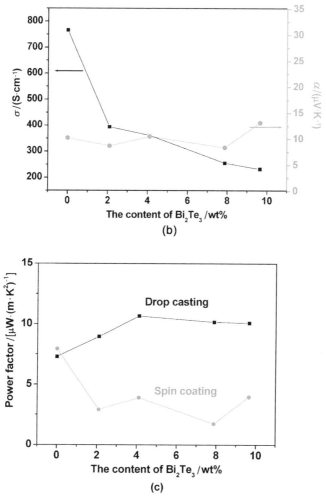

图 5-11 Bi₂Te₃ 含量不同时，通过浇注法制备的 Bi₂Te₃ - PEDOT∶PSS 复合薄膜的电导率和 Seebeck 系数(a)，通过旋涂法制备的 Bi₂Te₃ - PEDOT∶PSS 复合薄膜的电导率和 Seebeck 系数(b)，以及通过这两种方法制备的复合薄膜的功率因子(c)

子。可以看出，随着复合材料中 Bi₂Te₃ 含量的增大，通过浇注法和旋涂法制备的 Bi₂Te₃ - PEDOT∶PSS 复合薄膜的电导率均显著降低，而 Seebeck 系数基本保持稳定。与通过浇注法制备的复合薄膜相比，通过旋涂法制备的 Bi₂Te₃ - PEDOT∶PSS 复合薄膜的电导率更低，这主要是由于通过旋涂法制备的复合材料表面更加粗糙所造成的(这与 FESEM 观察的结果是一致的),其根本原因是剥离后的 Bi_2Te_3 仍然不能够完全分散在乙醇中。Ren 等[201]报道的通过水热工艺剥离 Bi_2Te_3 方法,其起始原料 Bi_2Te_3 是微米级的,所以容易剥离成单层的 Bi_2Te_3 薄片,而本试验中的起始原料为水热合成的 Bi_2Te_3,主要有两种形貌:纳米棒和纳米六方片。纳米棒的直径约为 40 nm,长度为 100～200 nm,纳米六方片的长度为 100～200 nm。在剥离过程中,纳米六方片很容易剥离,而纳米棒则很难。所以剥离后的产物仍不能完全分散在乙醇溶液中。

通过浇注法制备的复合薄膜的 Seebeck 系数增长非常缓慢,而旋涂法制备的薄膜的 Seebeck 系数波动较大,这可能是由于剥离后的 Bi_2Te_3 仍不能完全分散所造成的。图 5-11(c)为复合薄膜的功率因子,可以看出,浇注法制备的复合薄膜的功率因子随着 Bi_2Te_3 含量的增加先增大后减小,而旋涂法所制备的薄膜的功率因子波动较大。这主要是因为通过浇注法制备的复合薄膜其厚度在 2.5～5.5 μm 之间,而旋涂后薄膜的厚度在 80～120 nm 之间,剥离后的 Bi_2Te_3 仍然不能够完全分散在乙醇中,对旋涂法制备薄膜的表面粗糙度的影响大于浇铸法制备的薄膜所造成的。当 Bi_2Te_3 含量为 4.1 wt% 时,浇注法制备的复合薄膜获得的最大功率因子为 10.65 $\mu W/(m \cdot K^2)$。

5.5 Bi_2Te_3(商业产品)- PEDOT∶PSS 纳米复合薄膜的制备及其热电性能

在 5.4 节中,我们通过将水热合成的 Bi_2Te_3 纳米粉末剥离成 Bi_2Te_3 纳米片,然后与 PDEOT∶PSS 进行复合,但是发现复合材料的热电性能仍然不理想,其主要原因是可能是:① 参考文献[201]中,所使

第5章 聚3,4-乙撑二氧噻吩-无机纳米结构复合材料及其热电性能

用的 Bi_2Te_3 原料为微米级的,而上节中所使用的 Bi_2Te_3 原料为通过水热方法制备的纳米粉末,其中主要有纳米棒、纳米片以及纳米颗粒。由于 Bi_2Te_3 纳米棒以及纳米颗粒很难进行剥离,所以这也导致了剥离后的 Bi_2Te_3 不能完全均匀分散在乙醇中,结果直接影响了复合薄膜的热电性能;② 水热合成的 Bi_2Te_3 为 N 型半导体材料,而 PEDOT∶PSS 为 P 型材料,就会产生聚合物基体与填充相不匹配的问题。

为了解决上述两个问题,进一步提高复合材料的热电性能,本节中将江西纳米克热电电子股份有限公司生产的商用 P 型 Bi_2Te_3 基热电块体材料进行研磨,然后与 PEDOT∶PSS 进行复合,期望提高复合薄膜的热电性能。

5.5.1 原材料

商用 P 型 Bi_2Te_3 基热电块体材料均购买于江西纳米克热电电子股份有限公司(测试温度为 300 K 时,P 型电导率为 850~1 250 S/cm,Seebeck 系数为 190~230 $\mu V/K$);其余实验中所用到的有关试剂及其纯度和来源见第 2 章 2.3.1 节表 2-4、本章 5.2.1 节表 5-1 和本章 5.3.1 节。

5.5.2 Bi_2Te_3(商业产品)- PEDOT∶PSS 纳米复合薄膜的制备

(1) 浇注法制备 Bi_2Te_3(商业产品)- PEDOT∶PSS 纳米复合薄膜

将商业产品 Bi_2Te_3 块体材料放入玛瑙研钵中,手工研磨 1.5 h 后待用。

商业产品 Bi_2Te_3 粉末的剥离:同本章 5.4.2 节,在此不再赘述。

Bi_2Te_3 乙醇分散溶液的制备:同本章 5.4.2 节,在此不再赘述。

玻璃基片的清洗:同本章 5.4.2,在此不再赘述。

Bi_2Te_3 - PEDOT∶PSS 纳米复合薄膜的制备:同本章 5.4.2 节,在

此不再赘述。

(2) 旋涂法制备 Bi_2Te_3(商业产品)-PEDOT：PSS 纳米复合薄膜

Bi_2Te_3 粉末的制备和剥离，以及 Bi_2Te_3 乙醇分散溶液的制备、玻璃基片的清洗工艺同上。

Bi_2Te_3-PEDOT：PSS 纳米复合薄膜的制备：同本章 5.4.2 节，在此不再赘述。

5.5.3 样品表征和性能测试方法

透射电镜样品的制备和表征方法同第 3 章 3.3.3 节叙述。场发射扫描电子显微镜样品的制备和测试方法，以及样品电导率和 Seebeck 系数测试同第 2 章 2.3.3 节，在此不再赘述。

5.5.4 结构及形貌表征

图 5-12 为 P 型商业产品 Bi_2Te_3 经剥离后通过浇注法和旋涂法制备的 Bi_2Te_3-PEDOT：PSS 纳米复合薄膜的 FESEM 照片。图 5-12(a)—(d)为采用浇注法制备的 Bi_2Te_3-PEDOT：PSS 纳米复合薄膜的 FESEM 照片，其中图(a)和(b)中 Bi_2Te_3 的含量为 2.09 wt%，图(c)和(d)中 Bi_2Te_3 的含量为 9.65 wt%，可以看出通过浇注法制备的 Bi_2Te_3-PEDOT：PSS 纳米复合薄膜的表面粗糙度随着 Bi_2Te_3 含量的增大而显著增大。图 5-12(b)中箭头所指的突出部分为 Bi_2Te_3 纳米薄片，在浇注的过程中，其表面被 PEDOT：PSS 所覆盖。图 5-12(a) 右上角插图为样品断面的 FESEM 照片，可以看出此样品的厚度为 4.53 μm。图 5-12(e)—(h)为采用旋涂法制备的 Bi_2Te_3-PEDOT：PSS 纳米复合薄膜的 FESEM 照片，Bi_2Te_3 的含量均为 9.65 wt%，其中图(f)是图(e)中方框区域放大后的 FESEM 照片，图(g)是图(f)中方框区域放大后的 FESEM 照片。比较图 5-12(c),(d)和(e),(f),(g),(h)

第5章 聚3,4-乙撑二氧噻吩-无机纳米结构复合材料及其热电性能

可以清楚地看到,虽然 Bi_2Te_3 的含量均为 9.65 wt%,但是与通过浇注法制备的复合薄膜相比,通过旋涂法制备的复合薄膜表面相对较粗糙,其主要原因可能是,在剥离前采用了手工研磨来粉碎商业产品 Bi_2Te_3 块体材料,但是手工研磨很难控制研磨后 Bi_2Te_3 颗粒的大小以及颗粒的形状,所以研磨后的 Bi_2Te_3 颗粒大小不均匀,并且在研磨过程中产生了少量类似于棒状和近似球的结构。这样剥离后的 Bi_2Te_3 纳米薄片的大小和形状也不均一,而且少量类似于棒状和近似球的结构没有办法进行剥离,从而最终影响了 Bi_2Te_3 纳米结构在乙醇中的分散效果。从图 5-12(g) 和 (h) 中可以看到,旋涂后的复合薄膜表面有 Bi_2Te_3 纳米薄片,且 Bi_2Te_3 纳米薄片表面被 PEDOT:PSS 所覆盖(见图 5-12(h) 中箭头所指区域)。

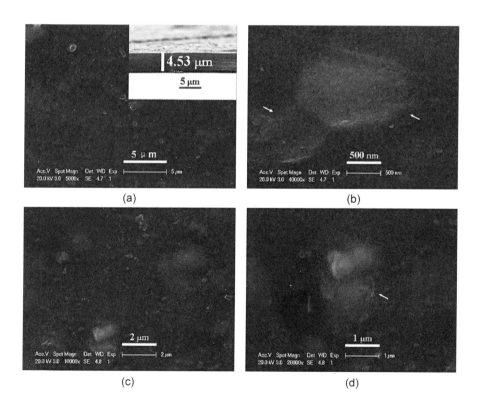

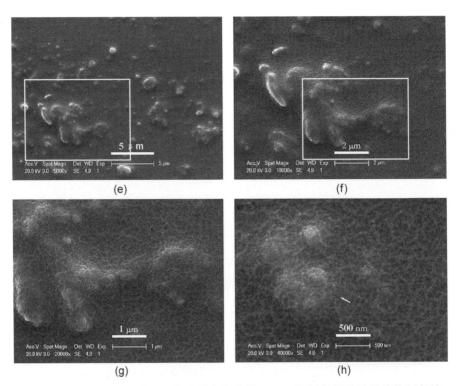

图5-12 (a),(b),(c)和(d)为P型商业产品Bi_2Te_3经剥离后采用浇注法制备的Bi_2Te_3-PEDOT：PSS纳米复合薄膜的FESEM照片,其中图(a)和(b)中Bi_2Te_3的含量为2.09 wt%,(c)和(d)中Bi_2Te_3的含量为9.65 wt%。图(a)中插图为Bi_2Te_3的含量为2.09 wt%样品断面的FESEM照片。图(e),(f),(g)和(h)为采用旋涂法制备的Bi_2Te_3-PEDOT：PSS纳米复合薄膜的FESEM照片,Bi_2Te_3的含量均为9.65 wt%。其中图(f)是图(e)中方框区域放大后的FESEM照片,图(g)是图(f)中方框区域放大后的FESEM照片

图5-13为P型商业产品Bi_2Te_3经过剥离后的TEM照片。比较图5-13(a),(b),(c),(d)和(e)可以看出,剥离后的Bi_2Te_3颗粒大小不均匀。同时样品中还存在着一些纳米棒和纳米近似球没有剥离成Bi_2Te_3薄片(图5-13(a),(c)和(e)中箭头所指的区域)。图5-13(f)剥离后Bi_2Te_3的选区电子衍射花样,可以看出剥离后的片状Bi_2Te_3的生长方向与其晶体结构基面平行。

第5章 聚3,4-乙撑二氧噻吩-无机纳米结构复合材料及其热电性能

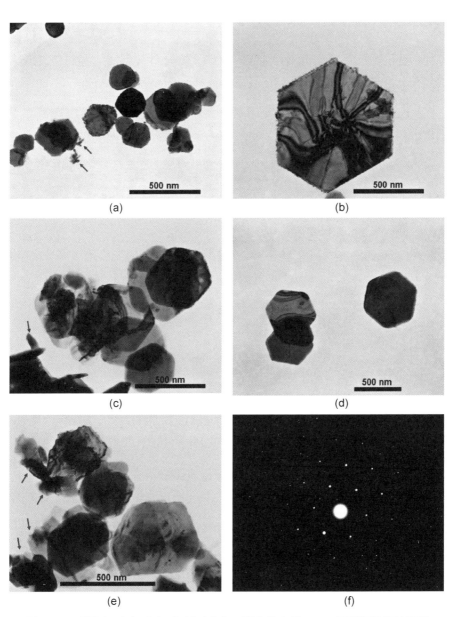

图 5-13 图(a),(b),(c),(d)和(e)为 P 型商业产品 Bi_2Te_3(研磨后)经过剥离后的 TEM 照片。图(f)为剥离后的 Bi_2Te_3 粉末的选区电子衍射花样

5.5.5 热电性能

图 5-14 为 P 型商业产品 Bi_2Te_3 块体材料被剥离后通过浇注法和旋涂法制备的 Bi_2Te_3 - PEDOT：PSS 复合薄膜的热电性能。同时给出了水热合成的 Bi_2Te_3 纳米粉末被剥离后通过浇注法和旋涂法制备的 Bi_2Te_3 - PEDOT：PSS 复合薄膜的热电性能。从图 5-14(a)和图 5-14(b)可以看出，P 型商业产品 Bi_2Te_3 经过剥离后通过浇铸法制备

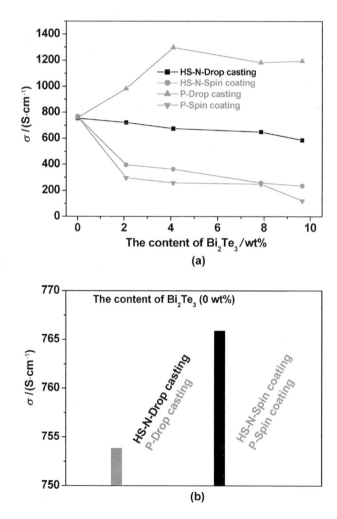

第 5 章 聚 3,4-乙撑二氧噻吩-无机纳米结构复合材料及其热电性能

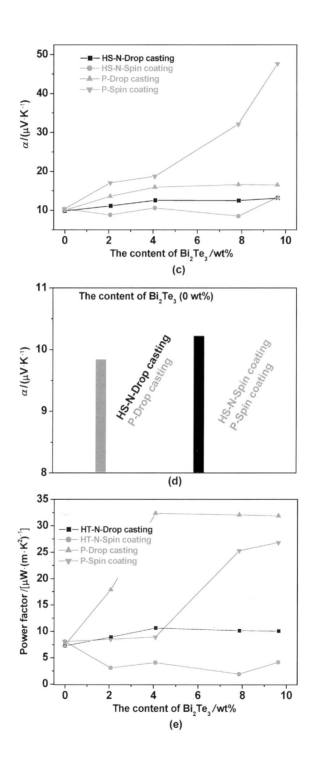

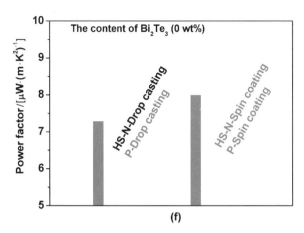

图 5‑14　P 型商业产品 Bi_2Te_3 块体材料和水热合成的 Bi_2Te_3 纳米粉末经过剥离后通过浇注法和旋涂法制备的 Bi_2Te_3 ‑ PEDOT∶PSS 复合薄膜的电导率(a)和(b)，Seebeck 系数(c)和(d)，功率因子(e)和(f)。其中 HS‑N‑Drop casting 和 HS‑N‑Spin coating 指水热合成的 Bi_2Te_3 纳米粉末经过剥离后通过浇注法和旋涂法制备的 Bi_2Te_3 ‑ PEDOT∶PSS 复合薄膜；P‑Drop casting 和 P‑Spin coating 指 P 型商业产品 Bi_2Te_3 块体材料经过剥离后通过浇注法和旋涂法制备的 Bi_2Te_3 ‑ PEDOT∶PSS 复合薄膜

的复合薄膜的电导率随着 Bi_2Te_3 含量的增加先增大后减小，其余 3 个样品的电导率均随着 Bi_2Te_3 含量的增加而减小。当 Bi_2Te_3 含量为 4.10 wt%时，P 型商业产品 Bi_2Te_3 经过剥离后通过浇铸法制备的复合薄膜获得最高的电导率(1 295.2 S/cm)。这一结果比复合材料中的聚合物基体(DMSO 的掺杂量为 10 wt%时，通过浇铸法制备的 PDEOT∶PSS 薄膜的电导率为 753.8 S/cm)和无机纳米结构填充相(P 型商业产品 Bi_2Te_3 块体材料，厂家提供的电导率为 850~1 250 S/cm)均高。产生这种现象可能的主要原因是，所制备的 Bi_2Te_3 薄片具有各向异性，沿着 Bi_2Te_3 薄片的方向电导率高于垂直于薄片方向的电导率。在通过浇铸法制备的 Bi_2Te_3 ‑ PEDOT∶PSS 复合薄膜中，Bi_2Te_3 薄片的方向可能更多地与复合薄膜的基面平行。所以导致最终复合薄膜的电导率高于 Bi_2Te_3 块体材料和 PDEDOT∶PSS 的电导率。

第5章 聚3,4-乙撑二氧噻吩-无机纳米结构复合材料及其热电性能

P型商业产品 Bi_2Te_3 块体材料经过剥离后通过浇铸法所制备的复合薄膜的电导率远高于通过旋涂法制备的复合薄膜的电导率,其主要原因可能是P型商业产品 Bi_2Te_3 块体材料在剥离前采用了手工研磨来降低颗粒大小,但是手工研磨很难控制研磨后 Bi_2Te_3 颗粒的大小以及颗粒的形状,这样剥离后的 Bi_2Te_3 纳米薄片的大小和形状也就不均一(图5-13),并且在研磨过程中产生了少量不能被剥离的颗粒,从而影响了其在乙醇中的分散效果。由于通过旋涂法制备的复合薄膜的厚度(80~120 nm)远小于通过浇铸法制备的复合薄膜的厚度(2.5~5.5 μm),所以剥离后的 Bi_2Te_3 纳米薄片在乙醇中的分散程度对旋涂法制备的复合薄膜的表面粗糙度以及薄膜的平整度的影响要大于通过浇铸法制备的复合薄膜(图5-12)(旋涂法制备的复合薄膜厚度在纳米级,表面对载流子的散射很强),从而导致通过旋涂法制备的复合薄膜的电导率低于浇注法制备的复合薄膜。

从图5-14(c)和图5-14(d)可以看出,P型商业产品 Bi_2Te_3 经过剥离后通过浇铸法和旋涂法制备的复合薄膜的 Seebeck 系数均显著高于水热法合成的 Bi_2Te_3 经过剥离后通过浇铸法和旋涂法制备的复合薄膜。其主要原因是水热合成的 Bi_2Te_3 纳米粉末为N型材料,而复合薄膜的聚合物基体 PEDOT：PSS 为P型材料,因此复合材料中存在着聚合物基体和无机纳米结构填充相导电类型不匹配的问题,最终影响了复合薄膜的 Seebeck 系数。

P型商业产品 Bi_2Te_3 块体材料经过剥离后通过浇铸法和旋涂法制备的复合薄膜的 Seebeck 系数均随着复合薄膜中 Bi_2Te_3 含量的增加而增大,这是因为随着 Bi_2Te_3 含量的增加,复合薄膜的表面变得越来越粗糙所造成的。并且P型商业产品 Bi_2Te_3 块体材料经过剥离后通过旋涂法制备的复合薄膜的 Seebeck 系数明显高于浇铸法制备的复合薄膜。这是由于通过旋涂法制备的复合薄膜的表面粗糙度比浇铸法制备的复

合薄膜大所造成的(图5-13),其根本原因是P型商业产品Bi_2Te_3块体材料使用手工研磨很难控制研磨后Bi_2Te_3颗粒的大小以及颗粒的形状,这样剥离后的Bi_2Te_3纳米薄片的大小和形状也不均一(图5-13),并且研磨过程中产生了少量不能被剥离的颗粒,从而影响剥离后Bi_2Te_3纳米结构在乙醇中的分散效果所造成的。

从图5-14(e)和图5-14(f)可以看出,P型商业产品Bi_2Te_3经过剥离后通过浇铸法和旋涂法制备的复合薄膜的最大功率因子[浇铸法为32.26 $\mu W/(m \cdot K^2)$,Bi_2Te_3含量为4.10 wt%;旋涂法为26.72 $\mu W/(m \cdot K^2)$,Bi_2Te_3含量为9.65 wt%]均显著高于水热法合成的Bi_2Te_3经过剥离后通过浇铸法和旋涂法制备的复合薄膜[浇铸法为10.65 $\mu W/(m \cdot K^2)$,Bi_2Te_3含量为4.10 wt%;旋涂法为7.99 $\mu W/(m \cdot K^2)$,Bi_2Te_3含量为零]。其主要原因是:第一,水热合成的Bi_2Te_3经过剥离后通过浇铸法和旋涂法制备的复合薄膜中存在着聚合物基体(P型导电)和无机纳米填充相(N型导电)导电类型不匹配的问题,结果显著地影响了复合薄膜的Seebeck系数;第二,水热合成的Bi_2Te_3纳米粉末的电导率(水热合成的Bi_2Te_3纳米粉末623 K真空条件下进行热压,所制备的块体材料的电导率为384 S/cm,见2.3.5节)显著低于P型商业产品Bi_2Te_3块体材料的电导率(厂家提供的电导率为850~1 250 S/cm)。当Bi_2Te_3含量为4.10 wt%时,P型商业产品Bi_2Te_3块体材料剥离后通过浇铸法制备的复合薄膜获得最大的功率因子为32.26 $\mu W/(m \cdot K^2)$,远高于浇铸法和旋涂法制备的聚合物基体的功率因子[7.28 $\mu W/(m \cdot K^2)$和7.99 $\mu W/(m \cdot K^2)$],这也说明了通过剥离P型商业产品Bi_2Te_3块体材料形成Bi_2Te_3纳米薄片,然后制备Bi_2Te_3-PEDOT:PSS复合薄膜思路的正确性。

从图5-14的实验结果可以看出,如果将手工研磨换成球磨,以此来提高研磨后P型商业产品Bi_2Te_3颗粒大小和形状的均匀性,从而提

第5章 聚3,4-乙撑二氧噻吩-无机纳米结构复合材料及其热电性能

高剥离后 Bi_2Te_3 纳米结构在乙醇中的分散性,最终所制备的 Bi_2Te_3-PEDOT：PSS复合薄膜的热电性能仍有可以提升的空间。

5.6 本章小结

本章首先通过旋涂法制备了CB-PEDOT：PSS复合薄膜,当CB含量为2.52 wt％时,复合薄膜具有最高的电导率。当CB含量从5.60 wt％增加到11.16 wt％时,复合薄膜的电导率逐渐下降。随着CB含量从0增加到11.16 wt％,复合薄膜的Seebeck系数略有增加(从12.51 $\mu V/K$ 增加到了13.41 $\mu V/K$),复合薄膜的功率因子先增大后减小。当CB含量为2.52 wt％时,复合薄膜室温下具有最大的功率因子约为0.96 $\mu W/(m \cdot K^2)$。由于本实验中所使用的原材料PEDOT：PSS以及CB均具有低的电导率,所以导致最终的复合薄膜功率因子相对较低。

通过旋涂的方法制备了MWCNT-PEDOT：PSS复合薄膜。在本章中,原材料PEDOT：PSS使用的是H. C. Starck公司的新产品PH1000,该产品具有高的电导率。当DMSO的掺杂量为10 wt％时,PH1000薄膜的电导率为765.9 S/cm。当MWCNT含量从零增加到30 wt％时,复合薄膜的电导率逐渐下降(从765.9 S/cm降低到了346.6 S/cm),而复合薄膜的Seebeck系数略有增加(从10.2 $\mu V/K$ 增加到11.1 $\mu V/K$),最终导致复合薄膜的功率因子呈现明显下降趋势[从7.99 $\mu W/(m \cdot K^2)$ 降低到了4.28 $\mu W/(m \cdot K^2)$]。

水热合成的 Bi_2Te_3 纳米粉末被剥离后,通过浇注法和旋涂法分别制备了 Bi_2Te_3-PEDOT：PSS复合薄膜。当 Bi_2Te_3 含量为4.1 wt％时,浇注法制备的复合薄膜获得的最大功率因子为10.65 $\mu W/(m \cdot K^2)$。

P型商业产品 Bi_2Te_3 经过剥离后通过浇铸法和旋涂法制备的复合

薄膜的最大功率因子均显著高于水热法合成的 Bi_2Te_3 经过剥离后通过浇铸法和旋涂法制备的复合薄膜。其主要原因是水热合成的 Bi_2Te_3 经过剥离后通过浇铸法和旋涂法制备的复合薄膜中存在着聚合物基体（P型导电）和无机纳米填充相（N型导电）导电类型不匹配的问题，结果显著地影响了复合薄膜的 Seebeck 系数；另外，水热合成的 Bi_2Te_3 纳米粉末的电导率也显著低于P型商业产品 Bi_2Te_3 块体材料的电导率。P型商业产品 Bi_2Te_3 经过剥离后通过浇铸法制备的复合薄膜获得的最大功率因子为 $32.26\ \mu W/(m \cdot K^2)$，$Bi_2Te_3$ 含量为 4.10 wt%。

如果改用手工研磨为球磨，以此来提高研磨后P型商业产品 Bi_2Te_3 颗粒大小和形状的均匀性，从而提高剥离后 Bi_2Te_3 纳米结构在乙醇中的分散性，最终所制备的 Bi_2Te_3-PEDOT∶PSS 复合薄膜的热电性能仍有可以提升的空间。

本章分别制备了厚度为纳米级和微米级的复合薄膜，为制备薄膜热电器件提供了基础，也为实现导电聚合物-无机纳米结构复合热电材料的实用化迈进了一步。

第6章 结论和展望

6.1 结 论

Bi_2Te_3 及其合金是目前在室温附近性能最优越的商用热电材料,也是研究最早、最为成熟的热电材料之一。碳材料,如 CB,MWCNT 和 GNs,具有优良的电传导性能,有利于提高复合材料的热电性能。导电聚合物具有热导率低、质轻、价廉、容易合成和加工成型等优点,作为热电材料具有广阔的应用前景。因此,若能通过适当的方法制备 Bi_2Te_3 及其合金-导电聚合物复合热电材料或者碳材料-导电聚合物复合热电材料,将有可能发挥 Bi_2Te_3 及其合金或者碳材料和导电聚合物各自的优点,甚至达到协同效应,从而提高复合材料的热电性能。基于此思路,本论文主要围绕无机纳米结构-导电聚合物复合热电材料进行研究。其目的是探索合成适合作为导电聚合物-无机纳米结构复合热电材料的导电聚合物基体及无机纳米结构,优化导电聚合物-无机纳米结构复合热电材料的制备工艺,期望最终能提高复合材料的热电性能。本书得出如下结论:

(1) 通过水热法制备 Bi_2Te_3 和 Bi_2Se_3 纳米粉体,混合研磨后热压成块体。研究了热压温度对 Bi_2Se_3/Bi_2Te_3 块体材料形貌、物相以及电输运性质的影响。研究发现：与热压温度为 648 K 和 673 K 的样品相比，热压温度为 623 K 的样品具有最高的电导率和 Seebeck 系数，以及最低的热导率。对热压温度为 623 K 的样品第 1 次测试结束后，间隔 3 天又进行了第 2 次测试。两次测试的结果基本吻合，考虑到系统存在测试误差，所以认为 623 K 热压后的样品具有很好的稳定性。

(2) 通过化学氧化法制备了 PTH 粉末，并将其和 Bi_2Te_3 纳米粉体混合研磨后热压成块体。最后讨论了热压温度对 Bi_2Te_3 - PTH 块体材料形貌、物相以及电输运性质的影响。研究结果表明：当热压温度达到 473 K 时，PTH 分解时会产生：S 和·SH 自由基，它们和 Bi_2Te_3 反应生成 Bi_2Te_2S 相。随着热压温度的升高，PTH 分解程度也相应地增大，最终导致 Bi_2Te_2S 相的强度也随之增大。复合材料的电导率随着样品制备时热压温度的升高而显著增大，所以导致了复合材料的功率因子也随着热压温度的升高而增大。热压温度为 623 K 的样品在测试温度为 473 K 时获得最大的功率因子约为 2.54 $\mu W/(m \cdot K^2)$。为了提高复合材料的热电性能，复合材料中 PTH 的含量应该降低，同时烧结温度应该低于 473 K，以防止 PTH 分解。

(3) 首次采用一种简单的原位聚合结合离心的方法成功制备了 MWCNT/P3HT 复合薄膜，并测试了其热电性能。研究表明，MWCNT/P3HT 复合薄膜(5 wt% MWCNT)的电导率为 1.3×10^{-3} S/cm，Seebeck 系数为 131.0 $\mu V/K$。通过此方法制备的导电聚合物/CNT 复合薄膜，能显著地提高聚合物的电导率，同时保持较高的 Seebeck 系数。

(4) 通过原位聚合方法成功制备了 MWCNT/P3HT 复合粉末，然后冷压成块体材料。所合成的 P3HT 以及 MWCNT 含量不同的 MWCNT/P3HT 复合粉末的光学带隙宽度分别为 (2.40 ± 0.01) eV，当 MWCNT 含量为 30 wt%时,在 298 K~423 K 的温度测试范围内,复合材料的电导率随着温度的升高缓慢地从 0.13 S/cm 降低到了 0.11 S/cm,Seebeck 系数随着温度的升高缓慢地从 9.7 μV/K 增加到了 11.3 μV/K。在测试温度小于 373 K 时,复合块体材料的功率因子随着温度的升高缓慢增大。但是测试温度从 373 K 升高到 423 K 时,其功率因子开始逐渐降低。测试温度为 373 K 时,复合材料获得的最大功率因子为 $1.56 \times 10^{-3} \mu W/(m \cdot K^2)$。

(5) 通过原位聚合方法成功制备了 GNs/P3HT 复合粉末,然后冷压成块体材料。随着复合材料中 GNs 含量从 10 wt%增大到 40 wt%,复合材料的电导率从 2.7×10^{-3} S/cm 增加到了 1.362 S/cm,增加了 3 个数量级。复合材料中 GNs 的含量从 10 wt%增加到 30 wt%时,其 Seebeck 系数从 33.15 μV/K 增加到 35.46 μV/K,当复合材料中 GNs 的含量增加到 40 wt%,其 Seebeck 系数降低至 29.34 μV/K。当 GNs 的含量从 10 wt%增加到 30 wt%时,复合材料的功率因子从 $2.97 \times 10^{-4} \mu W/(m \cdot K^2)$ 增加到了 $0.16 \mu W/(m \cdot K^2)$。

(6) 通过机械化学法成功地制备了 MWCNT/P3HT 复合粉末,然后冷压成块体材料。随着复合材料中 MWCNT 的含量从 30 wt%增加到 80 wt%,复合材料的电导率从 1.34×10^{-3} S/cm 增加到了 5.07 S/cm。随着复合材料中 MWCNT 的含量从 30 wt%增加到 50 wt%,复合材料的 Seebeck 系数从 9.48 μV/K 增加到了 31.24 μV/K。继续增大复合材料中 MWCNT 的含量,复合材料的 Seebeck 系数逐渐降低。这主要是由于 MWCNT 的 Seebeck 系数太低造成的(室温时纯 MWCNT 粉末冷压成块体后的 Seebeck 系数为 8.4 μV/K)。随着复合材料中 MWCNT 的含量从 30 wt%增加到 80 wt%时,复合材料的电导率显著增大,导致了复合材料的功率因子也显著增大[从 $1.20 \times 10^{-5} \mu W/(m \cdot K^2)$ 增加到了 $0.15 \mu W/(m \cdot K^2)$]。

(7) 通过一种非常简单的方法——溶液混合法成功制备了 PANI/GNs 复合块体材料和复合薄膜。随着复合材料中 GNs 含量的增加,复合块体材料和复合薄膜的电导率和 Seebeck 系数同时增加。当 PANI/GNs 复合块体材料中 GNs 的含量为 50% wt 时,获得了最大的功率因子[$5.6\ \mu W/(m \cdot K^2)$]。这是第一次报道 PANI/GNs 复合材料的热电性能。可以看出增大复合材料中的载流子迁移速率是提高有机-无机纳米复合材料热电性能的一种有效途径。这是一种制造成本较低,可以大规模生产并且可以应用到别的导电高分子聚合物-无机纳米结构复合热电材料的制备方法。

(8) 通过原位聚合方法成功地制备了 PANI/GNs 复合块体材料,复合块材料的电导率和 Seebeck 系数均随着 GNs 含量的增大而增大,当 PANI/GNs 复合块体材料中 GNs 的含量为 40% wt 时,获得了最大的功率因子[$3.9\ \mu W/(m \cdot K^2)$]。

(9) 通过旋涂的方法成功制备了 CB-PEDOT:PSS 复合薄膜,当 CB 含量为 2.52 wt% 时,复合薄膜具有最高的电导率。当 CB 含量从 5.60 wt% 增加到 11.16 wt% 时,复合薄膜的电导率逐渐下降。随着 CB 含量从零增加到 11.16 wt%,复合薄膜的 Seebeck 系数略有增加(从 $12.51\ \mu V/K$ 增加到了 $13.41\ \mu V/K$),复合薄膜的功率因子先增大后减小。当 CB 含量为 2.52 wt% 时,复合薄膜室温下具有最大的功率因子为 $0.96\ \mu W/(m \cdot K^2)$。由于本实验中所使用的原材料 PEDOT:PSS 以及 CB 均具有低的电导率,所以导致最终的复合材料功率因子相对较低。

(10) 通过旋涂的方法制备了 MWCNT-PEDOT:PSS 复合薄膜。所用原材料 PEDOT:PSS 为 H.C. Starck 公司的新产品 PH1000,该产品具有高的电导率。当 DMSO 的掺杂量为 10 wt% 时,PH1000 薄膜的电导率为 765.9 S/cm。当 MWCNT 含量从零增加到 30 wt% 时,复合薄膜的电导率逐渐下降(从 765.9 S/cm 降低到了 346.6 S/cm)。随着 MWCNT 含量从 0 增加到 30 wt%,复合薄膜的 Seebeck 系数略有增加(从 10.2 μV/K 增加到 11.1 μV/K),复合薄膜的功率因子呈现明显下降趋势[从 7.99 μW/(m·K^2)降低到了 4.28 μW/(m·K^2)]。

(11) 水热合成的 Bi_2Te_3 纳米粉末被剥离后,通过浇注法和旋涂法分别制备了 Bi_2Te_3 - PEDOT∶PSS 复合薄膜。当 Bi_2Te_3 含量为 4.1 wt%时,浇注法制备的复合薄膜获得的最大功率因子为 10.65 μW/(m·K^2)。

(12) P 型商业产品 Bi_2Te_3 经过剥离后通过浇铸法和旋涂法制备的复合薄膜的最大功率因子均显著高于水热法合成的 Bi_2Te_3 经过剥离后通过浇铸法和旋涂法制备的复合薄膜。当 Bi_2Te_3 含量为 4.1 wt%时,P 型商业产品 Bi_2Te_3 经过剥离后通过浇铸法制备的复合薄膜获得的最大功率因子为 32.26 μW/(m·K^2)。

图 6-1 为结论(3)~(11)中,采用不同工艺制备的导电聚合物-无机纳米结构复合热电材料的最大功率因子。

从图 6-1 可以看出,通过原位聚合法制备的 MWCNT/P3HT 复合材料的最大功率因子为 1.56×10^{-3} μW/(m·K^2)(MWCNT 含量为 30 wt%)。为了提高复合材料的电导率和功率因子,首先通过采用具有高电导率的 GNs 代替 MWCNT 作为导电高分子-无机纳米结构复合材料中的无机纳米结构填充相,结果与 MWCNT/P3HT 复合材料相比,所制备的 GNs/P3HT 复合材料的最大功率因子[0.16 μW/(m·K^2),GNs 含量为 30 wt%]提高了两个数量级。其次,通过另一种提高复合材料电导率的方法,即对聚合物基体进行掺杂,以期望提高聚合物基体的电导率,从而提高复合材料的电导率和功率因子。考虑到使用原位聚合方法制备 MWCNT/P3HT 和 GNs/P3HT 复合材料过程中,需要使用有机溶剂(如三氯甲烷和甲醇),会造成环境污染。为了解决这一问题,文中采用机械化学法制备了 MWCNT - P3HT 复合粉末,这种方法不需要任何有机溶剂,因此这是一种绿色、环保、简单并且可以大规模生

导电聚合物-无机纳米结构复合热电材料的制备及其性能研究

经过探索合成适合作为导电聚合物-无机纳米结构复合热电材料的导电聚合物基体及无机纳米结构，最终复合材料的最大功率因子比P3HT-MWCNT(In-situ)复合材料提高了**4**个数量级

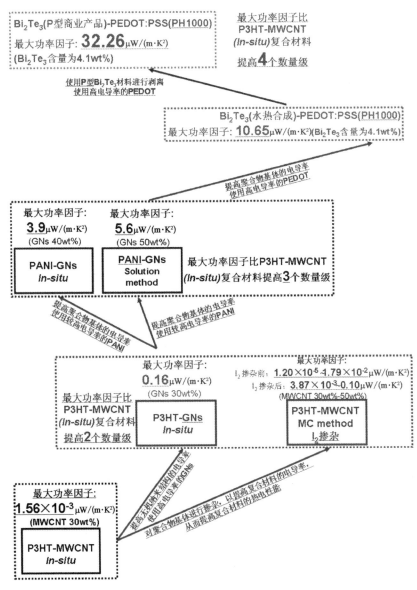

图 6-1 采用不同工艺制备的导电聚合物-无机纳米结构复合热电材料的最大功率因子

产的方法。将通过机械化学法制备的 MWCNT/P3HT 复合粉末冷压成块体后,放入盛有 I_2 的密闭容器中对聚合物基体进行掺杂。与未掺杂的 MWCNT/P3HT 复合材料相比,I_2 掺杂后的 MWCNT/P3HT 复合材料的最大功率因子有了大幅度的提高。因此可以看出,通过使用具有高电导率的无机纳米结构作为复合材料的填充相和通过掺杂提高聚合物基体的电导率,均是提高复合材料电导率和功率因子的有效途径。

但是由于 P3HT 基体的电导率相对较低,最终导致 P3HT 基-无机纳米结构复合热电材料的功率因子仍然较低。因此,我们选择与 P3HT 相比具有更高电导率的 PANI 作为导电聚合物-无机纳米结构复合材料的聚合物基体,期望能进一步提高复合材料的功率因子和热电性能。研究结果表明:通过溶液混合法和原位聚合法制备的 GNs/PANI 复合块体材料的最大功率因子[分别为 5.6 $\mu W/(m \cdot K^2)$ 和 3.9 $\mu W/(m \cdot K^2)$]均比通过原位聚合法制备的 GNs/P3HT 复合块体材料的最大功率因子[0.16 $\mu W/(m \cdot K^2)$]有了大幅度的提高。因此,可以看出,聚合物基体的选择对于提高导电聚合物-无机纳米结构复合材料的热电性能具有重要意义。

考虑到经过掺杂后的 PEDOT:PSS(PH1000)具有比 PANI,P3HT,PHT 均高的电导率(当 DMSO 的掺杂量为 10 wt%时,PH1000 薄膜的电导率为 765.9 S/cm),并且为了制备厚度为微米级以及纳米级的热电薄膜,以方便制备厚度为微米级和纳米级的热电器件,因此,水热合成的 Bi_2Te_3 纳米粉末被剥离后,通过浇注法和旋涂法分别制备了 Bi_2Te_3-PEDOT:PSS 复合薄膜。当 Bi_2Te_3 含量为 4.1 wt%时,浇注法制备的复合薄膜获得的最大功率因子为 10.65 $\mu W/(m \cdot K^2)$。

由于水热合成的 Bi_2Te_3 为 N 型半导体材料,而 PEDOT:PSS 为 P 型材料,因此产生聚合物基体与填充相不匹配的问题,最终影响了复合材料的热电性能。为了解决这一问题,最后对 P 型商业产品 Bi_2Te_3 经过剥离后通过浇铸法和旋涂法制备了 Bi_2Te_3-PEDOT：PSS 复合薄膜。此方法制备的复合薄膜的最大功率因子均显著高于水热法合成的 Bi_2Te_3 纳米粉末经过剥离后通过浇铸法和旋涂法制备的复合薄膜。当 Bi_2Te_3 含量为 4.10 wt% 时，P 型商业产品 Bi_2Te_3 经过剥离后通过浇铸法制备的复合薄膜获得的最大功率因子为 $32.26\ \mu W/(m \cdot K^2)$。

6.2 展　　望

（1）若能改进 Bi_2Te_3/Bi_2Se_3 复合热电材料的制备条件，比如在手套箱中，使用惰性气体保护将所合成的 Bi_2Te_3 和 Bi_2Se_3 粉末装入热压磨具中，然后再进行热压，将有可能防止样品氧化，从而进一步提高热压后 Bi_2Te_3/Bi_2Se_3 复合材料的热电性能。

（2）为了提高 Bi_2Te_3/PTH 复合材料的热电性能，应该尽可能地降低复合材料中 PTH 的含量，同时热压温度应该低于 473 K，以防止 PTH 分解。

（3）考虑到 MWCNT/P3HT，GNs/P3HT 复合材料的电导率均较低，因此增加聚合物基体的电导率成为增加复合材料热电性能的关键。若能选择合适的掺杂剂（如 I_2 或者 F_4TCNQ 掺杂）、采用适当的掺杂方法，并且调节掺杂剂的含量来对聚合物基体进行掺杂，将是提高复合材料热电性能的一种有效途径。

（4）对于 GNs/PANI 复合材料来说，若能使用单层的石墨烯制备石墨烯复合热电材料，其功率因子可能会进一步提高。

（5）若采用单壁碳纳米管水溶液和高导电的 PEDOT：PSS 进行复合制备单壁碳纳米管-PEDOT：PSS 复合薄膜，将可能提高复合薄膜的热电性能。

(6) 如果改用手工研磨为球磨，以此来提高研磨后 P 型商业产品 Bi_2Te_3 颗粒大小和形状的均匀性，从而提高剥离后 Bi_2Te_3 纳米结构在乙醇中的分散性，最终所制备的 Bi_2Te_3 - PEDOT：PSS 复合薄膜的热电性能仍有可以提升的空间。

(7) 由于 GNs 具有高的电导率，因此通过一步原位还原的方法制备 Bi_2Te_3，Bi_2Se_3，Sb_2Te_3，Sb_2Se_3 纳米颗粒/GNs 复合粉末，然后结合热压的方法制备复合块体材料，将有可能提高复合材料的热电性能。

参考文献

[1] Heremans JP, Jovovic V, Toberer ES, et al. Enhancement of thermoelectric efficiency in PbTe by distortion of the electronic density of states[J]. Science, 2008, 321: 554.

[2] Bell LE. Cooling, heating, generating power, and recovering waste heat with thermoelectric systems[J]. Science, 2008, 321: 1457.

[3] Harman TC, Taylor PJ, Walsh MP, et al. Quantum dot superlattice thermoelectric materials and devices[J]. Science, 2002, 297: 2229.

[4] Majumdar A. Thermoelectricity in semiconductor nanostructures[J]. Science, 2004, 303: 777.

[5] DiSalvo FJ. Thermoelectric cooling and power generation[J]. Science, 1999, 285: 703.

[6] Boukai AI, Bunimovich Y, Tahir-Kheli J, et al. Silicon nanowires as efficient thermoelectric materials[J]. Nature, 2008, 451: 168.

[7] Chung DY, Hogan T, Brazis P, et al. $CsBi_4Te_6$: A high-performance thermoelectric material for low-temperature applications[J]. Science, 2000, 287: 1024.

[8] Hochbaum AI, Chen RK, Delgado RD, et al. Enhanced thermoelectric performance of rough silicon nanowires[J]. Nature, 2008, 451: 163.

[9] Hicks LD, Dresselhaus MS. Effect of quantum-well structures on the thermoelectric figure of merit[J]. Physical Review B, 1993, 47: 12727.

[10] Hicks LD, Dresselhaus MS. Thermoelectric figure of merit of a one-dimensional conductor[J]. Physical Review B, 1993, 47: 16631.

[11] Hicks LD, Harman TC, Sun X, Dresselhaus MS. Experimental study of the effect of quantum-well structures on the thermoelectric figure of merit[J]. Physical Review B, 1996, 53: 10493.

[12] Venkatasubramanian R, Siivola E, Colpitts T, et al. Thin-film thermoelectric devices with high room-temperature figures of merit[J]. Nature, 2001, 413: 597.

[13] Lin YM, Rabin O, Cronin SB, et al. Semimetal-semiconductor transition in $Bi_{1-x}Sb_x$ alloy nanowires and their thermoelectric properties[J]. Applied Physics Letters, 2002, 81: 2403.

[14] Larson P, Mahanti SD, Chung DY, et al. Electronic structure of $CsBi_4Te_6$: A high-performance thermoelectric at low temperatures[J]. Physical Review B, 2002, 6504: 5205.

[15] Hsu KF, Loo S, Guo F, et al. Cubic $AgPb_mSbTe_{2+m}$: Bulk thermoelectric materials with high figure of merit[J]. Science, 2004, 303: 818.

[16] Yang RG, Chen G, Dresselhaus MS. Thermal conductivity of simple and tubular nanowire composites in the longitudinal direction[J]. Physical Review B, 2005, 72: 125418.

[17] Harman TC, Walsh MP, Laforge BE, et al. Nanostructured thermoelectric materials[J]. Journal of Electronic Materials, 2005, 34: L19.

[18] Kim W, Zide J, Gossard A, et al. Thermal conductivity reduction and thermoelectric figure of merit increase by embedding nanoparticles in crystalline semiconductors[J]. Physical Review Letters, 2006, 96: 045901.

[19] Ohta H, Kim S, Mune Y, et al. Giant thermoelectric Seebeck coefficient of two-dimensional electron gas in $SrTiO_3$[J]. Nature Materials, 2007,

6: 129.

[20] Dresselhaus MS, Chen G, Tang MY, et al. New directions for low-dimensional thermoelectric materials[J]. Advanced Materials, 2007, 19: 1043.

[21] Cao YQ, Zhao XB, Zhu TJ, et al. Syntheses and thermoelectric properties of Bi_2Te_3/Sb_2Te_3 bulk nanocomposites with laminated nanostructure[J]. Applied Physics Letters, 2008, 92: 143106.

[22] Poudel B, Hao Q, Ma Y, et al. High-thermoelectric performance of nanostructured bismuth antimony telluride bulk alloys[J]. Science, 2008, 320: 634.

[23] Zhou M, Li JF, Kita T. Nanostructured $AgPb_mSbTe_{m+2}$ system bulk materials with enhanced thermoelectric performance[J]. Journal of American Chemical Society, 2008, 130: 4527.

[24] Yang SH, Zhu TJ, Sun T, et al. Nanostructures in high-performance $(GeTe)_x(AgSbTe_2)_{100-x}$ thermoelectric materials[J]. Nanotechnology, 2008, 19: 245707.

[25] Li H, Tang XF, Zhang QJ, et al. High performance $In_xCe_yCo_4Sb_{12}$ thermoelectric materials with in situ forming nanostructured InSb phase[J]. Applied Physics Letters, 2009, 94: 3.

[26] Xie WJ, Tang XF, Yan YG, et al. Unique nanostructures and enhanced thermoelectric performance of melt-spun BiSbTe alloys[J]. Applied Physics Letters, 2009, 94: 101111.

[27] Xie WJ, He J, Kang HJ, et al. Identifying the specific nanostructures responsible for the high thermoelectric performance of $(Bi,Sb)_2Te_3$ nanocomposites[J]. Nano Letters, 2010, 10: 3283.

[28] Yang SH, Zhu TJ, Zhang SN, et al. Natural microstructure and thermoelectric performance of $(GeTe)_{80}(Ag_ySb_{2-y}Te_{3-y})_{20}$[J]. Journal of Electronic Materials, 2010, 39: 2127.

[29] Kashiwagi M, Hirata S, Harada K, et al. Enhanced figure of merit of a porous thin film of bismuth antimony telluride[J]. Applied Physics Letters, 2011, 98: 023114.

[30] Liu HL, Shi X, Xu FF, et al. Copper ion liquid-like thermoelectrics. Nature Materials 2012; 11: 422.

[31] Ohta M, Biswas K, Lo SH, et al. Enhancement of thermoelectric figure of merit by the insertion of MgTe nanostructures in p-type PbTe doped with Na_2Te[J]. Advanced Energy Materials, 2012, doi: 10.1002/aenm.201100756.

[32] Li JJ, Tang XF, Li H, et al. Synthesis and thermoelectric properties of hydrochloric acid-doped polyaniline[J]. Synthetic Met, 2010, 160: 1153.

[33] Yao Q, Chen LD, Zhang WQ, et al. Enhanced thermoelectric performance of single-walled carbon nanotubes/polyaniline hybrid nanocomposites[J]. Acs Nano, 2010, 4: 2445.

[34] Toshima N. Conductive polymers as a new type of thermoelectric material. Macromolecular Symposia, 2002, 186: 81.

[35] Yu C, Kim YS, Kim D, et al. Thermoelectric behavior of segregated-network polymer nanocomposites[J]. Nano Letters, 2008, 8: 4428.

[36] Levesque I, Bertrand PO, Blouin N, et al. Synthesis and thermoelectric properties of polycarbazole, polyindolocarbazole, and polydiindolocarbazole derivatives[J]. Chemistry of Materials, 2007, 19: 2128.

[37] Liu H, Wang JY, Hu XB, et al. Structure and electronic transport properties of polyaniline/$NaFe_4P_{12}$ composite[J]. Chemical Physics Letters, 2002, 352: 185.

[38] Levesque I, Gao X, Klug DD, et al. Highly soluble poly (2, 7-carbazolenevinylene) for thermoelectrical applications: From theory to experiment[J]. Reactive & Functional Polymers, 2005, 65: 23.

[39] Ikkala OT, Pietila LO, Ahjopalo L, et al. On the molecular recognition and associations between electrically conducting polyaniline and solvents[J].

Journal of Chemical Physics, 1995, 103: 9855.

[40] Liu J, Zhang LM, He L, et al. Synthesis and thermoelectric properties of polyaniline[J]. Journal of Wuhan University of Technology-Materials Science Edition, 2003, 18: 53.

[41] Menon R, Yoon CO, Moses D, et al. Transport in polyaniline near the critical regime of the metal-insulator-transition[J]. Physical Review B, 1993, 48: 17685.

[42] Yoon CO, Reghu M, Moses D, et al. Thermoelectric-power of doped polyaniline near the metal-insulator-transition[J]. Synthetic Metals, 1995, 69: 273.

[43] Yoon CO, Reghu M, Moses D, et al. Counterion-induced processibility of polyaniline – thermoelectric-power[J]. Physical Review B, 1993, 48: 14080.

[44] Yan H, Toshima N. Thermoelectric properties of alternatively layered films of polyaniline and (+/−)-10-camphorsulfonic acid-doped polyaniline[J]. Chemistry Letters, 1999, 28: 1217.

[45] Sixou B, Travers JP, Nicolau YF. Effect of aging induced disorder on transport properties of PANI–CSA[J]. Synthetic Metals, 1997, 84: 703.

[46] Wang ZH, Scherr EM, Macdiarmid AG, et al. Transport and EPR studies of polyaniline: A quasi-one-dimensional conductor with 3-dimensional metallic states[J]. Physical Review B, 1992, 45: 4190.

[47] Li QM, Cruz L, Phillips P. Granular-rod model for electronic conduction in polyaniline[J]. Physical Review B, 1993, 47: 1840.

[48] Yakuphanoglu F, Senkal BF, Sarac A. Electrical conductivity, thermoelectric power, and optical properties of organo-soluble polyaniline organic semiconductor[J]. Journal of Electronic Materials, 2008, 37: 930.

[49] Mateeva N, Niculescu H, Schlenoff J, et al. Correlation of Seebeck coefficient and electric conductivity in polyaniline and polypyrrole[J]. Journal of Applied Physics, 1998, 83: 3111.

[50] Yan H, Sada N, Toshima N. Thermal transporting properties of electrically conductive polyaniline films as organic thermoelectric materials[J]. Journal of Thermal Analysis and Calorimetry, 2002, 69: 881.

[51] Sun YN, Wei ZM, Xu W, et al. A three-in-one improvement in thermoelectric properties of polyaniline brought by nanostructures[J]. Synthetic Metals, 2010, 160: 2371.

[52] Yan H, Ohta T, Toshima N. Stretched polyaniline films doped by (+/−)-10-camphorsulfonic acid: Anisotropy and improvement of thermoelectric properties[J]. Macromolecular Materials and Engineering, 2001, 286: 139.

[53] Bhadra S, Khastgir D, Singha NK, et al. Progress in preparation, processing and applications of polyaniline[J]. Progress in Polymer Science, 2009, 34: 783.

[54] Wu CG, DeGroot DC, Marcy HO, et al. Redox intercalative polymerization of aniline in V_2O_5 xerogel. The postintercalative intralamellar polymer growth in polyaniline/metal oxide nanocomposites is facilitated by molecular oxygen[J]. Chemistry of Materials, 1996, 8: 1992.

[55] Anno H, Fukamoto M, Heta Y, et al. Preparation of conducting polyaniline-bismuth nanoparticle composites by planetary ball milling[J]. Journal of Electronic Materials, 2009, 38: 1443.

[56] Hostler SR, Kaul P, Day K, et al. Thermal and electrical characterization of nanoconiposites for thermoelectrics. 2006 Proceedings 10th Intersociety Conference on Thermal and Thermomechanical Phenomena in Electronics Systems, Vols 1 and 2[C]. New York: Ieee, 2006: 1400.

[57] Zhao XB, Hu SH, Zhao MJ, et al. Thermoelectric properties of $Bi_{0.5}Sb_{1.5}Te_3$/polyaniline hybrids prepared by mechanical blending[J]. Materials Letters, 2002, 52: 147.

[58] Li Y, Zhao Q, Wang YG, et al. Synthesis and characterization of Bi_2Te_3/polyaniline composites[J]. Materials Science in Semiconductor Processing,

2011, 14: 219.

[59] Toshima N, Imai M, Ichikawa S. Organic-inorganic nanohybrids as novel thermoelectric materials: Hybrids of polyaniline and bismuth(Ⅲ) telluride nanoparticles[J]. Journal of Electronic Materials, 2010, 42: 898.

[60] Meng CZ, Liu CH, Fan SS. A promising approach to enhanced thermoelectric properties using carbon nanotube networks[J]. Advanced Materials, 2010, 22: 535.

[61] Wang YY, Cai KF, Yin JL, et al. In situ fabrication and thermoelectric properties of PbTe-polyaniline composite nanostructures[J]. Journal of Nanoparticle Research, 2011, 13: 533.

[62] Wang L, Wang DG, Zhu GM, et al. Thermoelectric properties of conducting polyaniline/graphite composites[J]. Materials Letters, 2011, 65: 1086.

[63] Gao X, Uehara K, Klug DD, et al. Theoretical studies on the thermopower of semiconductors and low-band-gap crystalline polymers[J]. Physical Review B, 2005, 72: 125202.

[64] Vanderbilt D. Soft self-consistent pseudopotentials in a generalized eigenvalue formalism[J]. Physical Review B, 1990, 41: 7892.

[65] Kresse G, Hafner J. AB-initio molecular-dynamics for open-shell transition-metals[J]. Physical Review B, 1993, 48: 13115.

[66] Hiraishi K, Masuhara A, Nakanishi H, et al. Evaluation of thermoelectric properties of polythiophene films synthesized by electrolytic polymerization [J]. Japanese Journal of Applied Physics, 2009, 48: 071501.

[67] Shinohara Y, Isoda Y, Imai Y, et al. The effect of carrier conduction between main chains on thermoelectric properties of polythiophene. In: Kim I, editor. Proceedings Ict 07: Twenty-Sixth International Conference on Thermoelectrics[C]. New York: Ieee, 2008: 410.

[68] Yue RR, Chen S, Lu BY, et al. Facile electrosynthesis and thermoelectric

performance of electroactive free-standing polythieno[3, 2 - b]thiophene films[J]. Journal of Solid State Electrochemistry, 2011, 15: 539.

[69] Shinohara Y, Imai Y, Isoda Y, et al. A new challenge of polymer thermoelectric materials as ecomaterials. In: Chandra T, Tsuzaki K, Militzer M, Ravindran C, editors. THERMEC 2006, Pts 1 - 5. Stafa - Zurich: Trans Tech Publications Ltd, 2007. p. 2329.

[70] Lu BY, Liu CC, Lu S, et al. Thermoelectric performances of free-Standing polythiophene and poly(3-Methylthiophene) nanofilms[J]. Chinese Physics Letters, 2010, 27: 057201.

[71] Zhang B, Sun J, Katz HE, et al. Promising thermoelectric properties of commercial pedot: pss materials and their Bi_2Te_3 powder composites[J]. Acs Applied Materials & Interfaces, 2010, 2: 3170.

[72] Sun J, Yeh ML, Jung BJ, et al. Simultaneous increase in seebeck coefficient and conductivity in a doped poly(alkylthiophene) blend with defined density of states[J]. Macromolecules, 2010, 43: 2897.

[73] Pinter E, Fekete ZA, Berkesi O, et al. Characterization of poly(3-octylthiophene)/silver nanocomposites prepared by solution doping[J]. Journal of Physical Chemistry C, 2007, 111: 11872.

[74] Kim JY, Jung JH, Lee DE, et al. Enhancement of electrical conductivity of poly(3,4-ethylenedioxythiophene)/poly(4-styrenesulfonate) by a change of solvents[J]. Synthetic Metals, 2002, 126: 311.

[75] Chang KC, Jeng MS, Yang CC, et al. The thermoelectric performance of poly(3,4-ethylenedi oxythiophene)/poly(4-styrenesulfonate) thin films[J]. Journal of Electronic Materials, 2009, 38: 1182.

[76] Jiang FX, Xu JK, Lu BY, et al. Thermoelectric performance of poly(3,4-ethylenedioxythiophene): Poly(styrenesulfonate)[J]. Chinese Physics Letters, 2008, 25: 2202.

[77] Scholdt M, Do H, Lang J, et al. Organic semiconductors for thermoelectric

applications[J]. Journal of Electronic Materials, 2010, 39: 1589.

[78] Liu CC, Jiang FX, Huang MY, et al. Thermoelectric performance of poly (3,4-Ethylenedioxythiophene)/poly(Styrenesulfonate) pellets and films[J]. Journal of Electronic Materials, 2011, 40: 648-651.

[79] Kong FF, Liu CC, Xu JK, et al. Simultaneous enhancement of electrical conductivity and seebeck coefficient of poly(3,4-ethylenedioxythiophene): poly(styrenesulfonate) films treated with urea[J]. Chinese Physics Letters, 2011, 28: 037201.

[80] Taggart DK, Yang YA, Kung SC, et al. Enhanced thermoelectric metrics in ultra-long electrodeposited pedot nanowires[J]. Nano Letters, 2011, 11: 125.

[81] Bubnova O, Khan ZU, Malti A, et al. Optimization of the thermoelectric figure of merit in the conducting polymer poly(3,4-ethylenedioxythiophene) [J]. Nature Materials, 2011, 10: 429.

[82] Kim D, Kim Y, Choi K, et al. Improved thermoelectric behavior of nanotube-filled polymer composites with poly(3,4-ethylenedioxythiophene) poly(styrenesulfonate)[J]. Acs Nano, 2010, 4: 513.

[83] See KC, Feser JP, Chen CE, et al. Water-processable polymer-nanocrystal hybrids for thermoelectrics[J]. Nano Letters, 2010, 10: 4664.

[84] Liu CC, Jiang FX, Huang MY, et al. Free-standing PEDOT-PSS/ $Ca_3Co_4O_9$ composite films as novel thermoelectric materials[J]. Journal of Electronic Materials, 2011, 40: 948.

[85] Wang YY, Cai KF, Yao X. Facile fabrication and thermoelectric properties of PbTe-modified poly(3,4-ethylenedioxythiophene) nanotubes[J]. Acs Applied Materials & Interfaces, 2011, 3: 1163-1166.

[86] Chiang CK, Fincher CR, Park YW, et al. Electrical-conductivity in doped polyacetylene[J]. Physical Review Letters, 1977, 39: 1098.

[87] Shirakawa H, Louis EJ, Macdiarmid AG, et al. Synthesis of electrically

conducting organic polymers — halogen derivatives of polyacetylene, (CH)$_X$ [J]. Journal of the Chemical Society-Chemical Communications, 1977, 578.

[88] Howell B. Thermoelectric properties of conducting polymers[M]. Bethesda, Md: Carderock division naval surface warfare center press, 1994.

[89] Park YW, Yoon CO, Lee CH, et al. Conductivity and thermoelectric-power of the newly processed polyacetylene[J]. Synthetic Metals, 1989, 28: D27.

[90] Kaneko H, Ishiguro T, Takahashi A, et al. Magnetoresistance and thermoelectric-power studies of metal-nonmetal transition in iodine-doped polyacetylene[J]. Synthetic Metals, 1993, 57: 4900.

[91] Choi ES, Seol YH, Song YS, et al. Low temperature thermoelectric power of the metal-halide doped polyacetylene [J]. Synthetic Metals, 1997, 84: 747.

[92] Pukacki W, Plocharski J, Roth S. Anisotropy of thermoelectric-power of stretch-oriented new polyacetylene[J]. Synthetic Metals, 1994, 62: 253.

[93] Park EB, Yoo JS, Park JY, et al. Positive thermoelectric-power of alkali-metal-doped polyacetylene[J]. Synthetic Metals, 1995, 69: 61.

[94] Yoon CO, Na BC, Park YW, et al. Thermoelectric-power and conductivity of the stretch-oriented polyacetylene film doped with MOCL$_5$[J]. Synthetic Metals, 1991, 41: 125.

[95] Maddison DS, Unsworth J, Roberts RB. Electrical-conductivity and thermoelectric-power of polypyrrole with different doping levels [J]. Synthetic Metals, 1988, 26: 99.

[96] Yan H, Ishida T, Toshima N, et al. Thermoelectric properties of electrically conductive polypyrrole film[C]. New York: IEEE, 2001: 310-313.

[97] Sato K, Yamaura M, Hagiwara T, et al. Study on the electrical-conduction mechanism of polypyrrole films[J]. Synthetic Metals, 1991, 40: 35.

[98] Lee WP, Park YW, Choi YS. Metallic electrical transport of PF$_6$-doped

polypyrrole: dc conductivity and thermoelectric power[J]. Synthetic Metals, 1997, 84: 841.

[99] Hu E, Kaynak A, Li YC. Development of a cooling fabric from conducting polymer coated fibres: Proof of concept[J]. Synthetic Metals, 2005, 150: 139.

[100] Zotti G, Schiavon G, Zecchin S, et al. Electrochemical, conductive, and magnetic properties of 2, 7-carbazole-based conjugated polymers[J]. Macromolecules, 2002, 35: 2122.

[101] Yue RR, Chen S, Liu CC, et al. Synthesis, characterization, and thermoelectric properties of a conducting copolymer of 1, 12-bis(carbazolyl) dodecane and thieno[3, 2 - b] thiophene[J]. Journal of Solid State Electrochemistry, 2011, 16: 117.

[102] Aich RB, Blouin N, Bouchard A, et al. Electrical and thermoelectric properties of poly(2, 7-Carbazole) derivatives[J]. Chemistry of Materials, 2009, 21: 751.

[103] Moreau C, Antony R, Moliton A, et al. Sensitive thermoelectric power and conductivity measurements on implanted polyparaphenylene thin films[J]. Advanced Materials for Optics and Electronics, 1997, 7: 281.

[104] Moliton A, Bellati A, Lucas B, et al. Thermoelectric power stability of the polyparaphenylene implanted with Cesium ions[J]. Synthetic Metals, 1999, 101: 351.

[105] Tamayo E, Hayashi K, Shinano T, et al. Rubbing effect on surface morphology and thermoelectric properties of TTF - TCNQ thin films[J]. Applied Surface Science, 2010, 256: 4554.

[106] Itahara H, Maesato M, Asahi R, et al. Thermoelectric properties of organic charge-transfer compounds[J]. Journal of Electronic Materials, 2009, 38: 1171.

[107] Weyl C, Jerome D, Chaikin PM, et al. Pressure-dependence of the

thermoelectric-power of TTF – TCNQ[J]. Journal De Physique, 1982, 43: 1167.

[108] Harada K, Sumino M, Adachi C, et al. Improved thermoelectric performance of organic thin-film elements utilizing a bilayer structure of pentacene and 2,3,5,6-tetrafluoro-7,7,8,8-tetracyanoquinodimethane (F-4-TCNQ)[J]. Applied Physics Letters, 2010, 96: 253304.

[109] Jeszka JK, Tracz A, Kryszewski M. Thermoelectric-power in reticulate doped polymers[J]. Synthetic Metals, 1993, 55: 109.

[110] Hiroshige Y, Ookawa M, Toshima N. High thermoelectric performance of poly(2,5-dimethoxyphenylenevinylene) and its derivatives[J]. Synthetic Metals, 2006, 156: 1341.

[111] Hiroshige Y, Ookawa M, Toshima N. Thermoelectric figure-of-merit of iodine-doped copolymer of phenylenevinylene with dialkoxyphenylenevinylene [J]. Synthetic Metals, 2007, 157: 467.

[112] Kistenma. TJ, Phillips TE, Cowan DO. Crystal-structure of 1 – 1 radical cation-radical anion salt of 2, 2′-bis-1, 3-dithiole (TTF) and 7, 7, 8, 8-tetracyanoquinodimethane (TCNQ)[J]. Acta Crystallographica Section B, 1974, 30: 763.

[113] Kwak JF, Chaikin PM, Russel AA, et al. Anisotropic thermoelectric-power of TTF – TCNQ[J]. Solid State Communications, 1975, 16: 729.

[114] Sakai M, Iizuka M, Nakamura M, et al. Organic nano-transistor fabricated by co-evaporation method under alternating electric field[J]. Synthetic Metals, 2005, 153: 293.

[115] Du Y, Cai KF, Qin Z, et al. Preparation and thermoelectric properties of Bi_2Te_3/Polythiophene nanocomposite materials [J]. Conference on Mechanical, Industrial and Manufacturing Engineering (MIME 2011), Melbourne, 2011: 462 – 465.

[116] Maddison DS, Roberts RB, Unsworth J. Thermoelectric-power of polypyrrole

[J]. Synthetic Metals, 1989, 33: 281.

[117] Kemp NT, Kaiser AB, Liu CJ, et al. Thermoelectric power and conductivity of different types of polypyrrole[J]. Journal of Polymer Science Part B-Polymer Physics, 1999, 37: 953.

[118] Kemp NT, Kaiser AB, Trodahl HJ, et al. Effect of ammonia on the temperature-dependent conductivity and thermopower of polypyrrole[J]. Journal of Polymer Science Part B-Polymer Physics, 2006, 44: 1331.

[119] Choi ES, Suh DS, Kim GT, et al. Magneto thermoelectric power of the doped polyacetylene[J]. Synthetic Metals, 1999, 101: 375.

[120] Fleurial JP, Gailliard L, Triboulet R, et al. Thermal-properties of high-quality single-crystals of bismuth telluride-Part I. Experimental characterization[J]. Journal of Physics and Chemistry of Solids, 1988, 49: 1237.

[121] Fan XA, Yang JY, Zhu W, et al. Microstructure and thermoelectric properties of n-type $Bi_2Te_{2.85}Se_{0.15}$ prepared by mechanical alloying and plasma activated sintering[J]. Journal of Alloys and Compounds, 2006, 420: 256.

[122] Yang JY, Aizawa T, Yamamoto A, et al. Thermoelectric properties of n-type $(Bi_2Se_3)_x(Bi_2Te_3)_{1-x}$ prepared by bulk mechanical alloying and hot pressing[J]. Journal of Alloys and Compounds, 2000, 312: 326.

[123] Seo J, Lee C, Park K. Effect of extrusion temperature and dopant on thermoelectric properties for hot-extruded p-type Te-doped $Bi_{0.5}Sb_{1.5}Te_3$ and n-type SbI_3-doped $Bi_2Te_{2.85}Se_{0.15}$ [J]. Materials Science and Engineering B-Solid State Materials for Advanced Technology, 1998, 54: 135.

[124] Landauer R. The Electrical Resistance of Binary Metallic Mixtures[J]. Journal of Applied Physics, 1952, 23: 779.

[125] Majid K, Tabassum R, Shah AF, et al. Comparative study of synthesis,

characterization and electric properties of polypyrrole and polythiophene composites with tellurium oxide[J]. Journal of Materials Science-Materials in Electronics, 2009, 20: 958.

[126] Uygun A, Yavuz AG, Sen S, et al. Polythiophene/SiO_2 nanocomposites prepared in the presence of surfactants and their application to glucose biosensing[J]. Synthetic Metals, 2009, 159: 2022.

[127] Plotinskaya OY, Damian F, Prokofiev VY, et al. Tellurides occurrences in the baia mare region, Romania[J]. Carpathian Journal of Earth and Environmental Sciences, 2009, 4: 89.

[128] Karim MR, Lee CJ, Lee MS. Synthesis and characterization of conducting polythiophenie/carbon nanotubes composites[J]. Journal of Polymer Science Part A: Polymer Chemistry, 2006, 44: 5283.

[129] Li XG, Li J, Huang MR. Facile Optimal Synthesis of Inherently Electroconductive Polythiophene Nanoparticles[J]. Chemistry — a European Journal, 2009, 15: 6446.

[130] Lu MD, Yang SM. Syntheses of polythiophene and titania nanotube composites[J]. Synthetic Metals, 2005, 154: 73.

[131] Du Y, Cai KF, Li H, et al. The Influence of sintering temperature on the microstructure and thermoelectric properties of n-type $Bi_2Te_{3-x}Se_x$ nanomaterials[J]. Journal of Electronic Materials, 2011, 40: 518–522.

[132] Grauer DC, Hor YS, Williams AJ, et al. Thermoelectric properties of the tetradymite-type $Bi_2Te_2S - Sb_2Te_2S$ solid solution[J]. Materials Research Bulletin, 2009, 44: 1926.

[133] G S Nolas JS, Goldsmid HJ. Thermoelectrics: basic principles and new materials developments, 2001.

[134] Small JP, Shi L, Kim P. Mesoscopic thermal and thermoelectric measurements of individual carbon nanotubes[J]. Solid State Communications, 2003, 127: 181.

[135] Koizhaiganova R, Kim HJ, Vasudevan T, et al. In situ polymerization of 3-hexylthiophene with double-walled carbon nanotubes: studies on the conductive nanocomposite[J]. Journal of Applied Polymer Science, 2010, 115: 2448.

[136] Kuila BK, Malik S, Batabyal SK, et al. In-situ synthesis of soluble poly(3-hexylthiophene)/multiwalled carbon nanotube composite: Morphology, structure, and conductivity[J]. Macromolecules, 2007, 40: 278.

[137] Kim HJ, Koizhaiganova RB, Karim MR, et al. Synthesis and characterization of poly (3-octylthiophene)/single wall carbon nanotube composites for photovoltaic applications[J]. Journal of Applied Polymer Science, 2010, 118: 1386.

[138] Musumeci AW, Silva GG, Liu JW, et al. Structure and conductivity of multi-walled carbon nanotube/poly(3-hexylthiophene) composite films[J]. Polymer, 2007, 48: 1667.

[139] Liu YL, Chen WH. Modification of multiwall carbon nanotubes with initiators and macroinitiators of atom transfer radical polymerization[J]. Macromolecules, 2007, 40: 8881.

[140] Wise KE, Park C, Siochi EJ, et al. Stable dispersion of single wall carbon nanotubes in polyimide: the role of noncovalent interactions[J]. Chemical Physics Letters, 2004, 391: 207.

[141] Baskaran D, Mays JW, Bratcher MS. Noncovalent and nonspecific molecular interactions of polymers with multiwalled carbon nanotubes[J]. Chemisty of Materials, 2005, 17: 3389.

[142] Valentini L, Biagiotti J, Kenny JM, et al. Morphological characterization of single-walled carbon nanotubes-PP composites[J]. Composites Science and Technology, 2003, 63: 1149.

[143] Hadjiev VG, Iliev MN, Arepalli S, et al. Raman scattering test of single-wall carbon nanotube composites[J]. Applied Physics Letters, 2001,

78: 3193.

[144] Peng ZQ, Holm AH, Nielsen LT, et al. Covalent Sidewall Functionalization of Carbon Nanotubes by a "Formation-Degradation" Approach[J]. Chemisty of Materials, 2008, 20: 6068.

[145] Ponnambalam V, Lindsey S, Hickman NS, et al. Sample probe to measure resistivity and thermopower in the temperature range of 300 −1 000 K[J]. Review of Scientific Instruments, 2006, 77: 073904.

[146] Du Y, Shen SZ, Yang WD, et al. Facile preparation and characterization of poly (3-hexylthiophene)/multiwalled carbon nanotube thermoelectric composite films[J]. Journal of Electronic Materials, 2012, 41: 1436.

[147] Buvat P, Hourquebie P. Enhanced infrared properties of regioregular poly(3-alkylthiophenes)[J]. Macromolecules, 1997, 30: 2685.

[148] McCullough RD, Lowe RD, Jayaraman M, et al. Design, synthesis, and control of conducting polymer architectures — structurally homogeneous poly(3-alkylthiophenes)[J]. Journal of Organic Chemistry, 1993, 58: 904.

[149] Qi ZJ, Feng WD, Sun YM, et al. Synthesis and characterization of new 3-alkylthiophene copolymer that exhibit orange-red photoluminescence and electroluminescence [J]. Journal of Materials Science-Materials in Electronics, 2007, 18: 869.

[150] Delvaux M, Duchet J, Stavaux PY, et al. Chemical and electrochemical synthesis of polyaniline micro- and nano-tubules[J]. Synthetic Metals, 2000, 113: 275.

[151] Elkais AR, Gvozdenovic MM, Jugovic BZ, et al. Electrochemical synthesis and characterization of polyaniline thin film and polyaniline powder[J]. Progress in Organic Coatings, 2011, 71: 32.

[152] Andreev VN. Electrochemical synthesis and properties of polyaniline films on various substrates[J]. Russian Journal of Electrochemistry, 1999, 35: 735.

[153] Li W, Zhang QH, Chen DJ, et al. Study on nanofibers of polyaniline via interfacial polymerization[J]. Journal of Macromolecular Science, Part A: Pure and Applied Chemistry, 2006, 43: 1815.

[154] Xing SX, Zheng HW, Zhao GK. Preparation of polyaniline nanofibers via a novel interfacial polymerization method[J]. Synthetic Metals, 2008, 158: 59.

[155] Guan H, Fan LZ, Zhang HC, et al. Polyaniline nanofibers obtained by interfacial polymerization for high-rate supercapacitors[J]. Electrochimica Acta, 2010, 56: 964.

[156] Su BT, Tong YC, Bai J, et al. Acid doped polyaniline nanofibers synthesized by interfacial polymerization[J]. Indian Journal of Chemistry-Section A, 2007, 46: 595.

[157] Zhang L, Liu P. Synthesis of hollow polyaniline nanoparticles with reactive template[J]. Materials Letters, 2010, 64: 1755.

[158] Kinlen PJ, Liu J, Ding Y, et al. Emulsion polymerization process for organically soluble and electrically conducting polyaniline[J]. Macromolecules, 1998, 31: 1735.

[159] Jing XL, Wang YY, Wu D, et al. Sonochemical synthesis of polyaniline nanofibers[J]. Ultrasonics Sonochemistry, 2007, 14: 75.

[160] Novoselov KS, Geim AK, Morozov SV, et al. Two-dimensional gas of massless Dirac fermions in graphene[J]. Nature, 2005, 438: 197.

[161] Park S, Ruoff RS. Chemical methods for the production of graphenes[J]. Nature Nanotechnology, 2009, 4: 217.

[162] Lee C, Wei XD, Kysar JW, et al. Measurement of the elastic properties and intrinsic strength of monolayer graphene[J]. Science, 2008, 321: 385.

[163] Geim AK, Novoselov KS. The rise of graphene[J]. Nature Materials, 2007, 6: 183.

[164] Balandin AA, Ghosh S, Bao WZ, et al. Superior thermal conductivity of

single-layer graphene[J]. Nano Letters, 2008, 8: 902.

[165] Bolotin KI, Sikes KJ, Jiang Z, et al. Ultrahigh electron mobility in suspended graphene[J]. Solid State Communications, 2008, 146: 351.

[166] Stoller MD, Park SJ, Zhu YW, et al. Graphene-Based Ultracapacitors[J]. Nano Letters, 2008, 8: 3498.

[167] Sahoo S. Quantum Hall effect in graphene: Status and prospects[J]. Indian Journal of Pure & Applied Physics, 2011, 49: 367.

[168] Jiang Z, Zhang Y, Tan YW, et al. Quantum Hall effect in graphene[J]. Solid State Communications, 2007, 143: 14.

[169] Novoselov KS, Jiang Z, Zhang Y, et al. Room-temperature quantum hall effect in graphene[J]. Science, 2007, 315: 1379.

[170] Liu S, Liu XH, Li ZP, et al. Fabrication of free-standing graphene/polyaniline nanofibers composite paper via electrostatic adsorption for electrochemical supercapacitors[J]. New Journal of Chemistry, 2011, 35: 369.

[171] Wang HL, Hao QL, Yang XJ, et al. A nanostructured graphene/polyaniline hybrid material for supercapacitors[J]. Nanoscale, 2010, 2: 2164.

[172] Kishimoto K, Yamamoto K, Koyanagi T. Influences of potential barrier scattering on the thermoelectric, properties of sintered n-type PbTe with a small grain size[J]. Japanese Journal of Applied Physics, 2003, 42: 501.

[173] K. Uemura IN. Thermoelectric Semiconductors and Their Applications [M]. Tokyo: Nikkan-Kogyo Shinbun Press, 1988.

[174] Wang X, Liu N, Yan X, et al. Alkali-guided synthesis of polyaniline hollow microspheres[J]. Chemistry Letters, 2005, 34: 42.

[175] Ao WQ, Wang L, Li JQ, et al. Synthesis and Characterization of Polythiophene/Bi_2Te_3 Nanocomposite Thermoelectric Material[J]. Journal of Electronic Materials, 2011, 40: 2027.

[176] Hewitt CA, Kaiser AB, Roth S, et al. Varying the concentration of single walled carbon nanotubes in thin film polymer composites, and its effect on thermoelectric power[J]. Applied Physics Letters, 2011, 98: 183110.

[177] Yan L, Shao M, Wang H, et al. High seebeck effects from hybrid metal/polymer/metal thin-film devices[J]. Advanced Materials, 2011, 23: 4120.

[178] Yu C, Choi K, Yin L, et al. Light-weight flexible carbon nanotube based organic composites with large thermoelectric power factors[J]. Acs Nano, 2011, 5: 7885.

[179] Du Y, Shen SZ, Yang WD, et al. Preparation and characterization of multiwalled carbon nanotube/poly(3-hexylthiophene) thermoelectric composite materials[J]. Synthetic Metals, 2012, 162: 375.

[180] Du Y, Shen SZ, Yang WD, et al. Simultaneous increase in conductivity and Seebeck coefficient in a polyaniline/graphene nanosheets thermoelectric nanocomposite[J]. Synthetic Metals, 2012, 161: 2688.

[181] Hewitt CA, Kaiser AB, Roth S, et al. Multilayered carbon nanotube/polymer composite based thermoelectric fabrics[J]. Nano Letters, 2012, 12: 1307.

[182] Kim GH, Hwang DH, Woo SI. Thermoelectric properties of nanocomposite thin films prepared with poly(3,4-ethylenedioxythiophene): poly(styrenesulfonate) and graphene[J]. Physical Chemistry Chemical Physics, 2012, 14: 3530.

[183] Moriarty GP, Wheeler JN, Yu CH, et al. Increasing the thermoelectric power factor of polymer composites using a semiconducting stabilizer for carbon nanotubes[J]. Carbon, 2012, 50: 885.

[184] Huang JC. Carbon black filled conducting polymers and polymer blends[J]. Advances in Polymer Technology, 2002, 21: 299.

[185] Elimat ZM. AC electrical conductivity of poly(methyl methacrylate)/carbon black composite[J]. Journal of Physicals D: Applied Physics, 2006,

39: 2824.

[186] Soni A, Zhao YY, Yu LG, et al. Enhanced thermoelectric properties of solution grown $Bi_2Te_{3-x}Se_x$ nanoplatelet composites[J]. Nano Letters, 2012, 12: 1203.

[187] Son JS, Choi MK, Han MK, et al. N-type nanostructured thermoelectric materials prepared from chemically synthesized ultrathin Bi_2Te_3 nanoplates [J]. Nano Letters, 2012, 12: 640.

[188] Zhang GQ, Kirk B, Jauregui LA, et al. Rational synthesis of ultrathin n-type Bi_2Te_3 nanowires with enhanced thermoelectric properties[J]. Nano Letters, 2012, 12: 56.

[189] Hinsche NF, Yavorsky BY, Mertig I, et al. Influence of strain on anisotropic thermoelectric transport in Bi_2Te_3 and Sb_2Te_3[J]. Physical Review B, 2011, 84: 165214.

[190] Liu WS, Zhang QY, Lan YC, et al. Thermoelectric property studies on Cu-doped n-type $Cu_xBi_2Te_{2.7}Se_{0.3}$ nanocomposites[J]. Advanced Energy Materials, 2011, 1: 577.

[191] Yavorsky BY, Hinsche NF, Mertig I, et al. Electronic structure and transport anisotropy of Bi_2Te_3 and Sb_2Te_3[J]. Physical Review B, 2011, 84: 165208.

[192] Aminorroaya-Yamini S, Zhang C, Wang XL, et al. Crystal structure, electronic structure and thermoelectric properties of n-type $BiSbSTe_2$[J]. Journal of Physics D: Applied Physics, 2012, 45: 125301.

[193] Deng Y, Zhang ZW, Wang Y, et al. Preferential growth of Bi_2Te_3 films with a nanolayer structure: enhancement of thermoelectric properties induced by nanocrystal boundaries[J]. Jornal fo Nanoparticle Research, 2012, 14: 775.

[194] Fu JP, Song SY, Zhang XG, et al. Bi_2Te_3 nanoplates and nanoflowers: Synthesized by hydrothermal process and their enhanced thermoelectric

properties[J]. Crystengcomm, 2012, 14: 2159.

[195] Liu CJ, Lai HC, Liu YL, et al. High thermoelectric figure-of-merit in p-type nanostructured $(Bi,Sb)_2Te_3$ fabricated via hydrothermal synthesis and evacuated-and-encapsulated sintering[J]. Journal of Materials Chemistry, 2012, 22: 4825.

[196] Saleemi M, Toprak MS, Li SH, et al. Synthesis, processing, and thermoelectric properties of bulk nanostructured bismuth telluride (Bi_2Te_3)[J]. Journal of Materials Chemistry, 2012, 22: 725.

[197] Schurmann U, Winkler M, Konig JD, et al. In situ tem investigations on thermoelectric Bi_2Te_3/Sb_2Te_3 multilayers[J]. Advanced Engineering Materials, 2012, 14: 139.

[198] Wong-Ng W, Joress H, Martin J, et al. Thermoelectric properties and structural variations in $Bi_2Te_{3-x}S_x$ crystals[J]. Applied Physics Letters, 2012, 100: 082107.

[199] Yelgel OC, Srivastava GP. Thermoelectric properties of n-type $Bi_2(Te_{0.85}Se_{0.15})_3$ single crystals doped with CuBr and SbI_3[J]. Physical Review B, 2012, 85: 125207.

[200] Zhou J, Wang YY, Sharp J, et al. Optimal thermoelectric figure of merit in Bi_2Te_3/Sb_2Te_3 quantum dot nanocomposites. Physical Review B 2012; 85: 115320.

[201] Ren L, Qi X, Liu YD, et al. Large-scale production of ultrathin topological insulator bismuth telluride nanosheets by a hydrothermal intercalation and exfoliation route[J]. Journal of Materials Chemistry, 2012, 22: 4921.

[202] Ouyang JY, Xu QF, Chu CW, et al. On the mechanism of conductivity enhancement in poly (3, 4-ethylenedioxythiophene) : poly (styrene sulfonate) film through solvent treatment[J]. Polymer, 2004, 45: 8443.

[203] Yuan Q, Wu DY. Low percolation threshold and high conductivity in carbon black filled polyethylene and polypropylene composites[J]. Journal

of Applied Polymer Science, 2010, 115: 3527.

[204] Sun YM, Sheng P, Di CA, et al. Organic thermoelectric materials and devices based on p-and n-type poly(metal 1, 1, 2, 2-ethenetetrathiolate)s [J]. Advanced Materials, 2012, 24: 932.

后 记

关于导电聚合物-无机纳米结构复合热电材料的研究需要建立在大量实验数据以及理论模拟的基础上,在这个过程中有过各种艰辛、无助和茫然,但更多的是峰回路转的契机让我看到研究的意义。整个研究过程凝聚了师长和同仁们的无私帮助,在此致以诚挚的感谢!

特别感谢我的博士导师蔡克峰教授,我的每一次研究和成长都离不开蔡老师的无私教诲。

特别感谢澳大利亚联邦科学与工业组织材料科学与工程研究所(CMSE CSIRO)的 Shirley Shen 研究员和 Phil Casey 高级研究科学家在实验和测试等方面对我的帮助。

感谢同济大学材料学院的杨同青教授、翟继卫教授、王旭升教授、于剑教授、沈波副教授、姚曼文副教授以及李艳霞副教授在科研工作中的热情相助。

感谢 CMSE CSIRO 的 Richard Donelson 研究员在热电测试方面给我的支持和帮助。感谢 Dr. Matthew Glenn 在扫描电镜和能谱分析方面给我的支持和帮助。感谢 Dr. Deborah Lau 和 Dr. Adrian Trinchi 在拉曼光谱测试方面对我帮助。感谢同济大学材料学院殷俊林老师在透射电镜测试及分析方面所给予的帮助。

感谢 CMSE CSIRO 的杨卫东老师、袁强老师、Sam Yang 老师、李声老师对我的帮助。

感谢汪慧峰、李晖、李晓龙、周炽炜、汪元元、王鑫、陈松、王玲、安百俊、秦臻、邹志刚、李凤元、王娇、胡月超、张奇伟、周启刚在实验过程中给予的帮助。

杜　永